9
1964

Faserforschung und Textiltechnik

WISSENSCHAFTLICH-TECHNISCHE ZEITSCHRIFT
FÜR DIE CHEMIEFASER- UND TEXTILINDUSTRIE

BEGRÜNDET VON
ERICH CORRENS UND WALTER FRENZEL

HERAUSGEGEBEN VON ERICH CORRENS –
WOLFGANG BOBETH – HANS BÖHRINGER – HERMANN KLARE

AKADEMIE-VERLAG BERLIN

AUS DEM INHALT

Faserforsch. u. Textiltechn. · 15. Jahrg. · Heft 9 · Seiten 399–450 · Berlin im September 1964

Faserforschung und Textiltechnik

9
1964

WISSENSCHAFTLICH-TECHNISCHE ZEITSCHRIFT FÜR DIE CHEMIEFASER- UND TEXTILINDUSTRIE

BEGRÜNDET VON
ERICH CORRENS UND WALTER FRENZEL

HERAUSGEGEBEN VON E. CORRENS – W. BOBETH – H. BÖHRINGER – H. KLARE

SCHRIFTLEITER J. BRÄMER

INHALT

Die Zeitschrift „Faserforschung und Textiltechnik" erscheint monatlich in Heften zu 48 Textseiten im Format A 4. Der Preis für das Einzelheft beträgt DM 9,–, für den Vierteljahrbezug DM 27,– zuzügl. Bestellgeld. Die Berechnung erfolgt zu Beginn eines Vierteljahrs für 3 Hefte. Bestellungen aus dem Gebiet der Deutschen Demokratischen Republik an ein Postamt, eine Buchhandlung oder den Verlag, aus der Deutschen Bundesrepublik an eine Buchhandlung oder die Auslieferungsstelle Kunst und Wissen. Erich Bieber, Stuttgart S, Wilhelmstraße 4–6, aus dem Ausland an eine Importbuchhandlung, den Deutschen Buch-Export und -Import, GmbH., Leipzig C 1, Postschließfach 276, oder den Akademie-Verlag GmbH., Berlin W 8, Leipziger Str. 3–4 (Fernruf: 220441; Telex-Nr. 011773; Postscheckkonto 35021) erbeten. Bestellnummer dieses Heftes: 1014/15/9. Alleinige Anzeigenannahme DEWAG-WERBUNG, Berlin C 2, Rosenthaler Str. 28/31, und alle DEWAG-Betriebe in den Bezirksstädten der DDR.
Bestellungen in der UdSSR nehmen entgegen: Städtische Abteilungen von „SOJUZPECHATJ" bzw. Postämter und Postkontore.
Herausgeber und verantwortlich für den Inhalt: Prof. Dr. Erich Correns, Institut für Faserstoff-Forschung der Deutschen Akademie der Wissenschaften zu Berlin. Teltow-Seehof, Fernruf: Teltow 4431; Prof. Dr.-Ing. habil. Wolfgang Bobeth, Institut für Technologie der Fasern der Deutschen Akademie der Wissenschaften zu Berlin. Dresden A 1, Hohe Str. 6, Fernruf: Dresden 40837: Prof. Dr.-Ing. Hans Böhringer, Institut für Textiltechnologie der Chemiefasern Rudolstadt. Fernruf: Rudolstadt 2031; Prof. Dr. Hermann Klare, Institut für Faserstoff-Forschung der Deutschen Akademie der Wissenschaften zu Berlin, Teltow-Seehof, Fernruf: Teltow 4431. Schriftleiter: Joachim Brämer, Teltow-Seehof, Kantstr. 55. Verlag: Akademie-Verlag GmbH., Berlin W 8, Leipziger Str. 3–4. Satz und Druck: Druckhaus „Maxim Gorki", Altenburg. — Veröffentlicht unter der Lizenznummer 1280 des Presseamtes beim Vorsitzenden des Ministerrates der Deutschen Demokratischen Republik.
Manuskriptsendungen von chemischen Beiträgen sind an die Herren Prof. Dr. Correns oder Prof. Dr. Klare, von technologischen Beiträgen an die Herren Prof. Dr. Bobeth oder Prof. Dr. Böhringer zu richten. Für Inhalt und Form gelten die „Richtlinien für die Annahme und Abfassung von Beiträgen", erhältlich von der Schriftleitung. Die Verfasser größerer wissenschaftlicher Arbeiten erhalten außer dem Honorar ein Heft und 50 Sonderdrucke ihrer Arbeit unentgeltlich.

Faserforschung und Textiltechnik

WISSENSCHAFTLICH-TECHNISCHE ZEITSCHRIFT FÜR DIE CHEMIEFASER- UND TEXTILINDUSTRIE

Band 15 | September 1964 | Heft 9

Prof. Dr.-Ing. *Walter Frenzel* 80 Jahre

Am 29. September 1964 vollendet Prof. Dr.-Ing. Walter Frenzel sein achtzigstes Lebensjahr. Schon mehrfach war Gelegenheit gegeben, in dieser Zeitschrift das so erfolgreiche Wirken des Altmeisters der Textiltechnik zu würdigen (Faserforsch. u. Textiltechn. ***4*** *(1953) S. 432;* ***5*** *(1954) S. 375—380;* ***10*** *(1959) S. 403). Ehemalige Schüler und Mitarbeiter widmeten ihm zu Ehren Beiträge dieses Heftes und gratulieren ihm auf diese Weise auf das herzlichste.*

Auch die Herausgeber dieser Zeitschrift, deren Mitbegründer Prof. Dr.-Ing. Frenzel ist, übermitteln dem Jubilar herzliche Glückwünsche und geben der Hoffnung Ausdruck, daß ihm bei bester Gesundheit ein langer und angenehmer Lebensabend beschieden sein möge.

Im Namen der Herausgeber

W. Bobeth

Untersuchungen zum Zentrifugenspinnen von Baumwollgarnen

Rolf Barthel

Deutsche Akademie der Wissenschaften zu Berlin

Herrn Professor Dr.-Ing. Walter Frenzel zur Vollendung des 80. Lebensjahres gewidmet

DK 677.21.021/.022:677.21.061

An einer hochtourigen Elektro-Spinnzentrifuge wurden mechanische und elektrische Leistungsmessungen vorgenommen und aus den Ergebnissen Berechnungsgleichungen abgeleitet. Die Ermittlung des Spinn-Fadenzuges ergab, daß am Fadenführer zu erwartende stärkere Reibungskräfte während des Spinnprozesses nicht merklich in Erscheinung treten. Untersuchungen zur Garnentnahme aus dem Spinntopf galten der Umspulmethode. Bei Drehzahlen über 20000 U/min und Topfdurchmessern um 80 mm treten Umspulgeschwindigkeiten in der Größenordnung von 20000 m/min auf. Die hierbei gemessenen Fadenbeanspruchungen können bis zur Hälfte der Reißfestigkeit von Baumwollgarnen betragen.

Исследование центрифугального метода прядения хлопчатобумажной пряжи

На прядильной центрифуге с индивидуальным проводом и высоким числом оборотов были проведены измерения механической и электрической мощности, на основании которых были выведены соответствующие уравнения. Определение натяжения нити в процессе прядения показало, что заметного повышения силы трения на интеводителе при этом не наблюдалось. С целью оценки метода перемотки были проведены также исследования съема пряжи из кружки. При числе сборотов выше 20000 и диаметре кружек около 80 мм скорость перемотки доходила до 20000 м/мин. Измеряемая при этом нагрузка нити может достигать величины, равной половине прочности хлопатобумажной пряжи на разрыв.

Investigations on Centrifugal Spinning of Cotton Yarns

Mechanical and electrical power measurements have been performed on an electric high speed spinning centrifuge and calculation equations are derived from the results. The determination of the tension of threads indicated that increasing forces of friction on the thread guide, as they have been expected, do not become remarkably visible. Sampling of yarn from the spinning can was carried out to investigate the rewinding method. At numbers of revolution above 20000 cpm and can diameter of 80 mm, the rewinding speed ranges in the order of 20000 meter per minute. The thread tension measured under these conditions may amount to half the breaking tension of cotton yarns.

1 *Einleitung*

Das Zentrifugenspinnen wird seit vielen Jahren in der Kunstseidenindustrie angewandt. Es ist aber auch schon vor einigen Jahrzehnten erörtert worden, Garne aus Naturfasern mit der Spinnzentrifuge herzustellen oder zu zwirnen [1, 2, 3]. Vor allem haben der große Platzbedarf und der Bedienungsaufwand der herkömmlichen Feinspinnmaschinen immer wieder Anlaß zur Suche nach produktiveren Spinnverfahren gegeben.

Die Spinnzentrifuge bietet grundsätzlich die Möglichkeit, bei sehr geringer Fadenbeanspruchung wesentlich höhere Drehzahlen und damit Spinnleistungen zu erreichen als mit bisher üblichen Spindeln. Ganz besonders galt dies in bezug auf den bis vor wenigen Jahren in der 3-Zylinderspinnerei zur Herstellung von weich gedrehten, feinen Trikotagengarnen noch anzutreffenden Selfaktor.

W. Frenzel und *G. Höhne* untersuchten deshalb die Möglichkeit, zum Spinnen solcher Garne eine Elektro-Spinnzentrifuge einzusetzen. Bei Spinntopfdrehzahlen bis zu 17500 U/min wurden Baumwollgarne bis zur Nm 140 gesponnen. Die Eigenschaften übertrafen diejenigen ringgesponnener Garne und entsprachen denen von Selfaktorgarnen bei einer mehr als zweimal so hohen Spinnleistung [4].

Auch zur Herstellung von Flachs-Naßgespinsten wurden von *W. Frenzel*, zusammen mit *U. Liebscher*, Versuche mit der Spinnzentrifuge durchgeführt [5]. Gegenüber der nur sehr langsam laufenden Flügelspindel konnte mit Spinntopfdrehzahlen bis zu 11000 U/min die dreifache Liefergeschwindigkeit erreicht werden. Das Zentrifugengarn war in Festigkeit und Dehnung flügel- und ringgesponnenen Garnen überlegen.

Am Institut für Technologie der Fasern der Deutschen Akademie der Wissenschaften unter der damaligen Leitung von Prof. Dr.-Ing. *W. Frenzel* wurden später von *U. Liebscher* und *K. Bettermann* noch eingehendere Studien zum Zentrifugenspinnen von Flachsgarnen, Baumwollgarnen und auch von Streichgarnen durchgeführt [6 bis 9].

Fast in allen industriell entwickelten Ländern hat man sich der Verspinnung verschiedener Naturfasern mit Zentrifugen verstärkt gewidmet. So stehen heute schon industriell gefertigte Topfspinnmaschinen für Bastfaser-Naß- und -Trockengespinste sowie für Kammgarne zur Verfügung.

Am kritischsten ist der Einsatz der Spinnzentrifuge in der Baumwollspinnerei einzuschätzen. Hier werden mit modernen Ringspinnmaschinen bereits Spinnleistungen erzielt, die im Hinblick auf die größere Spindelteilung von der Zentrifuge Drehzahlen von weit über 20000 U/min fordern, wenn auf die Produktionsfläche bezogen die gleiche Garnmenge erzeugt werden soll.

Im folgenden und in weiteren Beiträgen wird über eigene Untersuchungen zu einigen Problemen des Baumwoll-Zentrifugenspinnens mit höheren Drehzahlen berichtet, die im Anschluß an die oben erwähnten Arbeiten am Institut für Technologie der Fasern in Dresden in den Jahren 1957 bis 1959 durchgeführt wurden.

2 *Die Spinnzentrifuge*

2.1 Die für die Versuche verwendete Zentrifuge entspricht im Aufbau den heute üblichen Kunstseidenzentrifugen. Der stehende Spinntopf ist durch eine lange elastische Welle mit dem beweglich aufgehängten Antrieb verbunden (Bild 1).

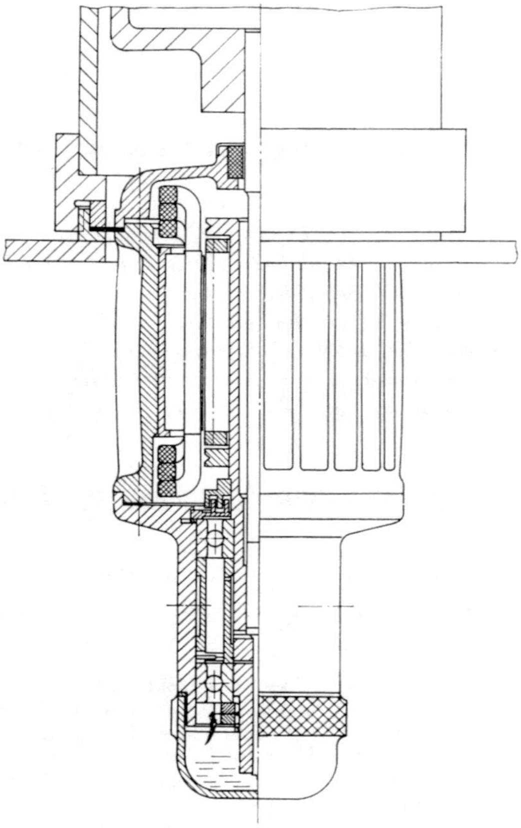

Bild 1. Versuchs-Spinnzentrifuge

Der Elektromotor wurde vom Zentralinstitut für Lagertechnik, Außenstelle Fraureuth, konstruiert. Sein Durchmesser beträgt im Hinblick auf eine möglichst kleine Teilung der Spinnmaschine nur 80 mm. Der Motor wird von einem Frequenzumformer mit Drehstrom gespeist und erreicht unbelastet Drehzahlen von über 40000 U/min. Die Schmierung der mit Tellerfedern vorgespannten Präzisions-Kugellager erfolgt durch Ölnebel.

Für die Versuche wurden mehrere Spinntöpfe mit Durchmessern von 80 bis 120 mm aus der Aluminiumlegierung Hy 43 (Elektrochemisches Kombinat Bitterfeld) hergestellt. Es handelt sich um eine hochfeste Legierung der Gattung Al-Zn-Mg mit einer Zugfestigkeit von 42 kp/mm² (Streckgrenze σ 0,2 = 28 kp/mm²). Die Berechnung ergab, daß dieser Werkstoff für einen mit Garn gefüllten Spinntopf von 80 mm Durchmesser bei 36000 U/min noch eine reichlich vierfache Sicherheit gegen Explosion durch die Fliehkraft erbringt.

Das Verhältnis von Höhe zu Durchmesser der Spinntöpfe konnte nur ungefähr 1:1 gewählt werden, weil bei höheren Töpfen ein instabiles Laufverhalten eintritt.

Zur erforderlichen elastischen Aufhängung der Zentrifuge in der Spindelbank waren ursprünglich — wie bei der Kunstseidenzentrifuge — drei Gummistützlager vorgesehen, die sich aber nicht bewährten. Sie waren vor allem nicht bruchsicher genug, was bei den hohen Drehzahlen sehr gefährliche Auswirkungen haben kann. Eine befriedigende Lösung konnte in einer ringförmigen elastischen Auflagerung der Zentrifuge — etwa in der Höhe des Gesamt-Schwerpunktes — gefunden werden. Hierzu liegt ein zwischen Motorgehäuse und Deckel eingespannter dünner Ringflansch aus gewebeverstärktem Gummi in der auf der Spindelbank angebrachten Halterung (Bild 1). Er ist von oben durch einen Schraubring festgeklemmt. Die Zentrifuge kann also — gewissermaßen in einer Gummimembran hängend — um ihren Schwerpunkt schwingen. Die durch die Gewebeverstärkung des Gummis außerdem bewirkte Schwingungsdämpfung hat sich als vorteilhaft erwiesen.

Zur Verminderung des Antriebsenergiebedarfes und auch aus Sicherheitsgründen konnte die Zentrifuge bedarfsweise mit einer Ummantelung des Spinntopfes versehen werden.

2.2. *Leistungsmessungen an der Zentrifuge*

Im Vordergrund von Betrachtungen zum Zentrifugenspinnen steht immer wieder das Problem des Energieverbrauches der Topfspindel. So machte sich auch an der vorliegenden Zentrifuge zunächst eine eingehendere Ermittlung der elektrischen und mechanischen Betriebsdaten unter Berücksichtigung verschiedener Topfdurchmesser und Drehzahlen erforderlich.

Im Gegensatz zu früheren Untersuchungen, z. B. von *K.-F. Hager* [10], sollte aber nicht nur die Wirkleistung des Elektromotors N_W elektrisch gemessen werden, sondern auf mechanischem Wege auch die Luftreibungsleistung N_L des Spinntopfes allein, um auf diese Weise Angaben über die Verluste im Antrieb selbst und seinen Wirkungsgrad $\eta = N_L/N_W$ zu erhalten.

Hierzu diente eine speziell angefertigte Drehmomentwaage (Bild 2). Die Zentrifuge ist auf einem kugelgelagerten Drehgestell montiert und bewirkt als Reaktion zur Luftreibungskraft dessen Drehung gegen eine im Radius r angreifende Federkraft. Der hierbei fest-

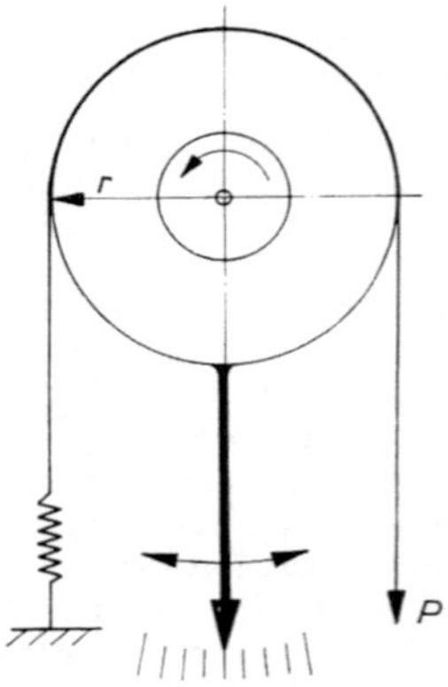

Bild 2. Drehmomentenwaage

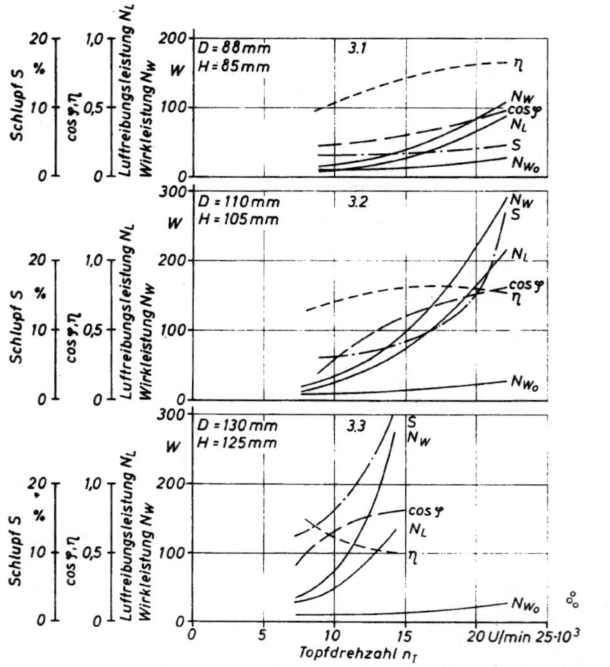

Bild 3. Luftreibungsleistung, Wirkleistung, Wirkungsgrad, Schlupf, cos φ der Zentrifuge mit verschiedenen Spinntöpfen in Abhängigkeit von der Drehzahl

gestellte Zeigerausschlag wird nach Abschalten der Zentrifuge durch Gewichtanhängen (Kraft P) reproduziert, wonach sich das Drehmoment

$$Md = r \cdot P \text{ [cmp]}$$

und, unter Berücksichtigung der Drehzahl n_T, die gesuchte Luftreibungsleistung

$$N_L = 1{,}027 \cdot 10^{-5} \cdot Md \text{ [cmp]} \cdot n_T \text{ [U/min] } [W]$$

berechnen lassen.

Drehzahl und Schlupf des Motors wurden mit induktiven Gebern nach dem in [11] angegebenen Verfahren gemessen; zur Ermittlung der sonstigen elektrischen Werte dienten die üblichen Methoden. Die Diagramme Bild 3.1 bis 3.3 enthalten die Meßergebnisse an verschiedenen Spinntöpfen. Alle Größen zeigen eine sehr starke Abhängigkeit von der Drehzahl und dem Topfdurchmesser.

Mit dem kleinsten Topf werden bei Drehzahlen über 20000 U/min recht gute Wirkungsgrade um 80% erzielt, während der cos φ mit $<50\%$ ungünstig ist. Der Schlupf bleibt mit weniger als 5% in erträglichen Grenzen.

Die Leerlaufleistung (ohne Spinntopf) ist größer als die Verlustleistung $N_W - N_L$ des belasteten Antriebes. Dies dürfte in der elastischen Vorspannung der Kugellagerung begründet sein, die sich unter der Belastung des Spinntopfes etwas lockert und dadurch leichtgängiger wird.

Aus den Diagrammen für die größeren Spinntöpfe ersieht man, daß diese den Antrieb elektrisch und mechanisch überlasten; Schlupf und innere Verluste nehmen unzulässig hohe Werte an.

Für die beabsichtigten weiteren Versuche mit höheren Drehzahlen konnte deshalb nur der Spinntopf mit einem

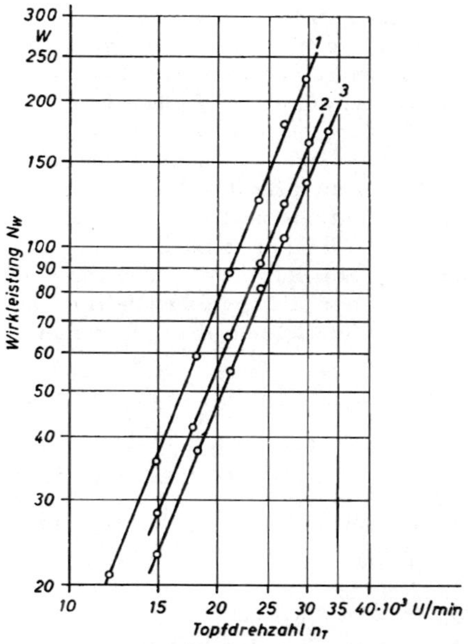

Bild 4. Wirkleistung mit dem Spinntopf der Abmessungen $D = 88$ mm, $H = 85$ mm.
1 — ohne Mantel
2 — mit Mantel, Spaltweite 3 mm
3 — mit Mantel und Deckel

Außendurchmesser von 88 mm in Betracht gezogen werden. Für diesen wurde das Ausmaß der Energieverbrauchssenkung durch einen Mantel sowie darüber hinaus durch einen Deckel ermittelt (Bild 4).

Die Energieersparnis ist beträchtlich; sie beträgt im gesamten Bereich bis über 30000 U/min mit dem Mantel durchschnittlich 28%, mit Mantel und Deckel 39%.

Ein Vergleichsversuch mit verschieden großen Luftspalten zeigte einen nur relativ geringen Einfluß der Spaltweite. Bei der Drehzahl von 21000 U/min erhöhte sich der Energieverbrauch lediglich um 7% bei Vergrößerung der Spaltweite von 3 auf 9 mm. *Makarov* gibt aber in diesem Zusammenhang den interessanten Hinweis [12], daß durch extreme Verringerung der Spaltweite (unter einen kritischen Betrag von etwa 0,1 mm) eine sehr starke Senkung der Luftreibungsleistung möglich sein müßte. Der Spalt könnte dann gleichzeitig als Luftlager für die Zentrifuge dienen.

Tabelle 1. Vergleich verschiedener Leistungsangaben [W]; Topfdurchmesser $D = 0{,}088$ m, Topfhöhe $H = 0{,}085$ m

	Drehzahl [U/min]			
	15000	20000	25000	30000
1	35	78	147	243
2	30	71	139	240
3	28	64	120	200

1. Luftreibungsleistung nach *Hager* [10]

$$N_L = 1{,}7194 \cdot 10^{-5} \cdot D^{4,6} \cdot n^{2,8} \left(0{,}02992 + 0{,}27736 \frac{H}{D}\right) [W];$$

(D, H in m; n in U/min)

2. Luftreibungsleistung nach *Selivanova* (aufgeführt in [12])
$N_L = 52 \cdot 10^{-8} \cdot H \cdot D^{3,5} \cdot n^3$ [W];
(D, H in m; n in U/min)

3. Luftreibungsleistung nach eigenen Messungen

Einen Vergleich der eigenen Meßergebnisse mit berechneten Werten nach den von *Hager* [10] sowie von *Selivanova* (Zit. in [12]) aufgestellten Gleichungen für die Luftreibungsleistung gibt die Tabelle 1. Die gemessene Luftreibungsleistung erreicht nur 82% der nach *Hager* errechneten Werte. In der Gleichung von *Selivanova* erscheint der Exponent 3 für den Drehzahleinfluß zu hoch angesetzt. Er beträgt nach den eigenen Versuchsergebnissen nur 2,8. Für schnellaufende Zentrifugen (20000 bis 30000 U/min) mit kleineren Topfdurchmessern (um 90 mm) können folgende Gleichungen zur überschlägigen Berechnung der Luftreibungsleistung dienen:

$$N_L = 4{,}35 \cdot 10^{-6} \cdot H \cdot D^{3,6} \cdot n^{2,8}\ [W]$$

für Töpfe ohne Ummantelung,

$$N_L = 3{,}12 \cdot 10^{-6} \cdot H \cdot D^{3,6} \cdot n^{2,8}\ [W]$$

für Töpfe mit Ummantelung (Spaltweite 3 mm)

(H, D in [m]; n in [U/min]).

3 Messung des Spinnfadenzuges

Während an der Ringspindel der Fadenzug von einer Reihe Einflußfaktoren abhängt, wird er bei der Zentrifugenspindel bekanntlich allein durch die Rotation des zwischen Fadenführeröffnung und Garnwicklung befindlichen Fadenstückes erzeugt und für dieses Stück bestimmt.

$$T = m \cdot r \cdot \omega^2 \qquad m = \frac{G}{g} = \frac{D}{2 \cdot Nm \cdot g}$$

$$T = \frac{D}{2 \cdot Nm \cdot g} \cdot \frac{D}{4} \cdot \left(\frac{\pi n}{30}\right)^2 = \frac{D^2 \cdot n^2}{7160 \cdot Nm}$$

(T = Fadenzug [p],
m = Masse des Fadenstückes von der Länge $D/2$,
D = Aufwindedurchmesser [m],
r = Radius des Massemittelpunktes des Fadenstückes — $D/4$,
n = Topfdrehzahl [U/min],
Nm = metr. Nummer [m/g].)

Die Fadenzüge an der Zentrifuge sind beträchtlich niedriger als an der Ringspindel. Hierin liegt der Hauptvorteil der Topfspindel. Auch bei der Zentrifuge ist aber ein bestimmter Mindestfadenzug für die Durchführung des Spinnprozesses erforderlich, weil sich sonst die Drehungen schlecht bis zum Streckwerk fortpflanzen und die Fadenbruchgefahr steigt.

Infolge der Reibkräfte, die z. B. an der Fadenführeröffnung auf den Faden einwirken, ist theoretisch mit einem geringeren Fadenzug in der Spinnstrecke zwischen Fadenführer und Streckwerk zu rechnen, als er sich aus der angeführten Gleichung ergibt. Nimmt man einen Reibungskoeffizienten von 0,25 an, so beträgt nach der Seilreibungsformel die Reibungskraft 33% des Fadenzuges; der Fadenzug zwischen Fadenführer und Streckwerk müßte sich auf zwei Drittel des berechneten reduzieren. Zur experimentellen Überprüfung dieser Annahme wurden mit dem in [13] beschriebenen Gerät SFM Fadenzugmessungen durchgeführt.

Bild 5 zeigt das Prinzip der Meßanordnung und die Eichkurven. Diese wurden durch Anhängen von Gewichten an den senkrecht (Kurve a) bzw. rechtwinklig

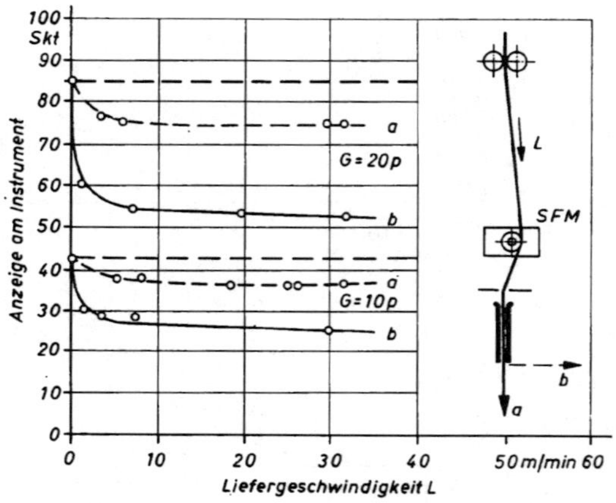

Bild 5. Meßanordnung und Eichkurven zur Fadenzugmessung

(Kurve b) mit variierter Geschwindigkeit aus dem Fadenführer auslaufenden Faden erhalten. Durch die am zusätzlichen Fadenauge auftretende Reibungskraft verringert sich der Fadenzug auf 88% (Kurve *a*); die Umlenkung am Fadenführeraustritt bewirkt weiter eine Minderung um 30% (Differenz zwischen Kurven *a* und *b*), womit sich die oben getroffene Annahme nahezu bestätigt.

Aus den Messungen an der laufenden Zentrifuge unter verschiedenen Betriebsbedingungen ergaben sich aber Fadenzüge, die nur 10 bis 15% unter den nach der Gleichung errechneten Werten ohne Berücksichtigung der Reibungskräfte lagen. Der Abfall von 10 bis 15% ist allein schon auf die Reibung an dem zur Meßanordnung gehörenden zusätzlichen Fadenauge zurückzuführen. Die zu erwartende beträchtliche Reduzierung des Fadenzuges am Fadenführer tritt also nicht merklich in Erscheinung, so daß bis zum Streckwerk nahezu der gleiche Fadenzug herrscht wie in dem umlaufenden Fadenstück.

Offenbar wird die Reibung durch ein Luftpolster außerordentlich vermindert, das sich zwischen Faden und Fadenführerrand bildet. Immerhin gleitet der Faden bei einem Öffnungsdurchmesser von 4 mm und der Drehzahl von 24000 U/min über diesen Rand mit einer Umfangsgeschwindigkeit von 5 m/s. Hinzu kommt, daß ständig Garndrehungen über die Umlenkung springen müssen, so daß eine gleichmäßig straffe Anlage des Fadens nicht möglich ist.

Mit dem Schleifenoszillografen registrierte Diagramme (Bild 6) veranschaulichen den im Vergleich zur Ringspindel sehr niedrigen und vor allem gleichbleibenden Fadenzug. Bekanntlich treten beim Ringspinnen sowohl von der Ringbankbewegung hervorgerufene langperiodische (Bild 6.1) als auch mit jedem Läuferumlauf einhergehende sehr rasche Schwankungen auf (Bild 6.2), deren Ausmaß zumeist über ± 50% beträgt. Demgegenüber drücken sich im Fadenzugverlauf an der Zentrifuge weder die Fadenführerbewegung (Bild 6.3) noch die einzelnen Topfumdrehungen aus (Bild 6.4). Selbst eine errechnete Fadenzugschwankung von ± 25%, die durch einen um 5 mm exzentrisch gestellten Fadenführer entstand, konnte am Meßort nicht nachgewiesen werden. Offenbar wurden die Schwankungen bei der hohen Frequenz (450 Hz) infolge der Materialdämpfung vom

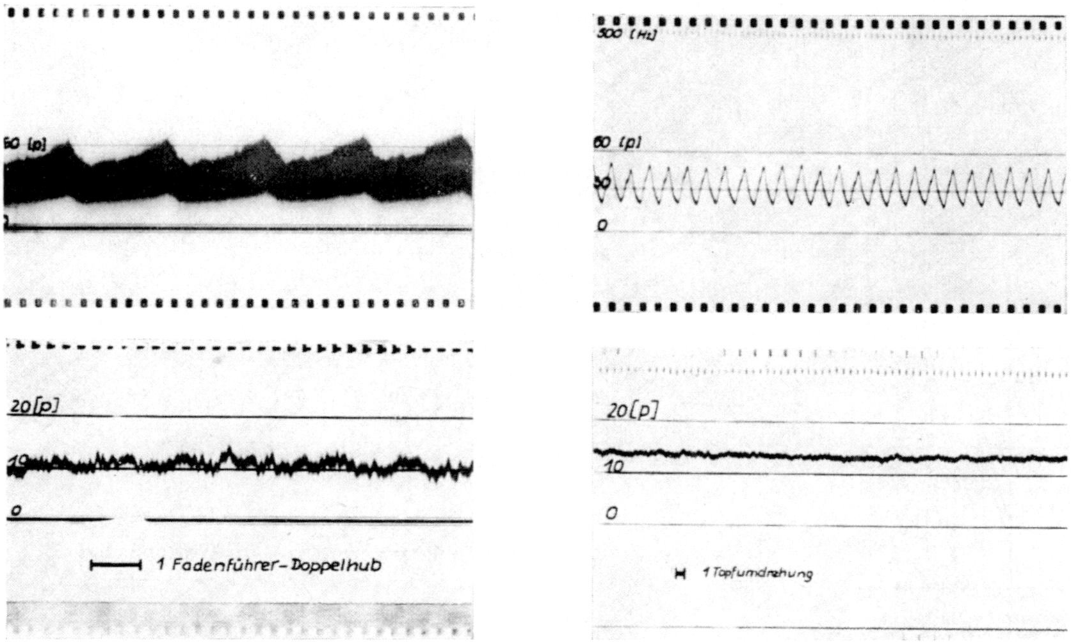

Bild 6. Fadenzugdiagramme

1 — Ringspindel (Ringdurchmesser 48 mm, 9000 U/min); Papiergeschwindigkeit 0,2 cm/s

2 — Ringspindel (Ringdurchmesser 48 mm, 9000 U/min); Papiergeschwindigkeit 110 cm/s

3 — Zentrifugenspindel (Topfdurchmesser 80 mm, 27000 U/min); Papiergeschwindigkeit 1 cm/s

4 — Zentrifugenspindel (Topfdurchmesser 80 mm, 27000 U/min); Papiergeschwindigkeit 110 cm/s

Faden nicht bis zum Meßort übertragen. Daraus ist auf sehr gleichbleibende Spannungsverhältnisse in der Spinnzone dicht unterhalb des Lieferwalzenpaares zu schließen, die sich günstig auf die Fadenbruchzahl und die innere Gleichmäßigkeit des Garnes auswirken müssen.

4 Untersuchungen zur Garnentnahme

Die Auswahl der optimalen Methode zur Entnahme des Garnes aus dem Spinntopf ist wiederholt Gegenstand eingehender Erörterungen gewesen [7, 14, 15]. Hauptsächlich werden zwei Möglichkeiten gegeneinander abgewogen:

a) Die Entnahme des Garnes als Spinnkuchen.
Sie erfordert bei Baumwolle ein Stillsetzen der Zentrifuge und das Einbringen eines elastischen Garnträgers, auf den der Kuchen aufspringen kann.

b) Das Umspulen des Garnes im Topf.
Bei laufender Zentrifuge windet sich der Faden auf eine vom Fadenführer gehaltene feste Hülse.

Folgende Fragen stehen dabei im Vordergrund:

1. Kann die Garnentnahme bei laufender oder muß sie bei stehender Zentrifuge erfolgen?
2. Ist eine Gesamt- oder Einzelentnahme möglich bzw. vorzuziehen?
3. Beeinflußt die Entnahmemethode die Garneigenschaften?

Hinzu kommen Probleme der konstruktiven Ausführbarkeit, der möglichen Abspulgeschwindigkeit des Garnkörpers in der Weiterverarbeitung usw.

Im Hinblick auf Energieverluste und Verschleiß durch das häufige Stillsetzen der Zentrifuge besitzt die Umspulmethode Vorteile gegenüber der Kuchenentnahme. Sowohl Gesamt- als auch Einzelentnahme sind bei beiden Verfahren möglich. *Gegen die Umspulmethode* werden jedoch zwei Argumente angeführt:

Beim Spinnen eingetretene Fadenbrüche unterbrechen den Umspulvorgang, der dann nur manuell wieder in Gang gesetzt werden kann. Der Faden erleidet beim Umspulen Beanspruchungen, die seine Eigenschaften negativ beeinflussen.

In eigenen Versuchen zeigte sich demgegenüber, daß der Fadenbruch nicht in jedem Falle eine Unterbrechung des Umspulprozesses hervorruft. Bei der hohen Umspulgeschwindigkeit wird offenbar infolge intensiver Luftströmungen das Fadenende vom ablaufenden Faden mitunter mitgerissen, so daß sich zumindest teilweise ein manueller Eingriff erübrigt. Andererseits ist auf das gelegentliche Auftreten von Querziehern hinzuweisen, das sich als Hindernis für die *Kuchenentnahme* auswirken kann. Die Einführung des elastischen Garnträgers ist dann nicht möglich, während die Umspulmethode noch anwendbar wäre. In Anbetracht seiner technologischen Vorteile soll im folgenden der Umspulprozeß näher betrachtet werden.

4.1 Die Geschwindigkeit und Dauer des Umspulprozesses

Die Umspulgeschwindigkeit hängt vom Außen- und vom Innendurchmesser des Spinnkuchens, dem Durchmesser der Spulhülse und der Topfdrehzahl ab. Als momentane Umspulgeschwindgkeit v ist die Bahngeschwindigkeit des Auflaufpunktes p (Bild 7) anzusehen:

$$v = d \cdot \pi \cdot n_p.$$

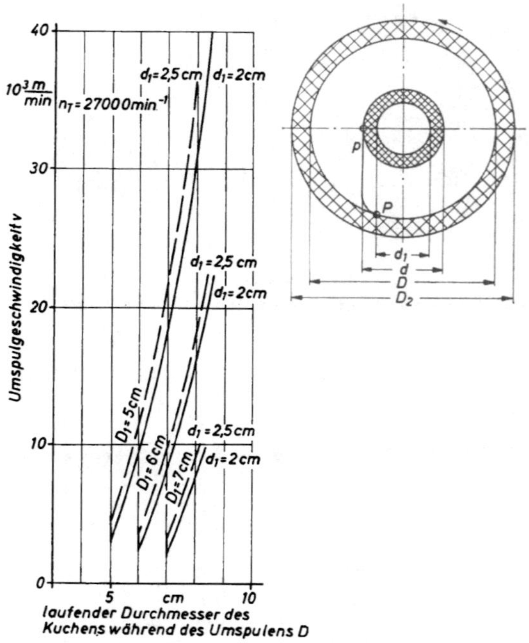

Bild 7. Umspulgeschwindigkeit in Abhängigkeit von Hülsen- und Kuchendurchmesser

d = momentaner Durchmesser der Wicklung auf der Hülse
D = momentaner Durchmesser des Kuchens
Index 1: Beginn des Vorganges
Index 2: Ende des Vorganges

Die Umlaufdrehzahl n_p des Punktes p setzt sich zusammen aus der Topfdrehzahl n_T und einem Zusatzbetrag n_{rP},

$$n_p = n_T + n_{rP}.$$

Dieser resultiert aus dem Voreilen des Ablaufpunktes P gegenüber dem Topf — die innen aufgewickelte Garnmenge muß sich außen mit der gleichen Geschwindigkeit abwickeln.

Die Relativgeschwindigkeit des Punktes P gegenüber dem Topf ist

$$v = D \cdot \pi \cdot n_{rP},$$

$$n_{rP} = \frac{v}{D \cdot \pi}.$$

Damit wird

$$v = d \cdot \pi \cdot n_p = d \cdot \pi (n_T + n_{rP}) = d \cdot \pi \left(n_T + \frac{v}{D \cdot \pi}\right),$$

$$v \left(1 - \frac{d}{D}\right) = d \cdot \pi \cdot n_T,$$

$$v = \frac{d \cdot \pi \cdot n_T}{1 - \frac{d}{D}},$$

Es sollen nunmehr die Anfangsgrößen der Kuchen- und Hülsendurchmesser (D_1 und d_1) eingeführt werden.

Da das gesamte Garnvolumen, das sich aus dem Volumen des Kuchens und der Hülsenentwicklung zusammensetzt, konstant und gleich dem Kuchenvolumen vor Beginn des Umspulens ist, kann man schreiben:

$$\frac{V}{H} = (D_2^2 - D^2)\frac{\pi}{4} + (d^2 - d_1^2)\frac{\pi}{4} = (D_2^2 - D_1^2)\frac{\pi}{4},$$

$$D_2^2 - D^2 + d^2 - d_1^2 = D_2^2 - D_1^2,$$

$$d^2 = D^2 - D_1^2 + d_1^2,$$

$$d = \sqrt{D^2 - D_1^2 + d_1^2}.$$

Damit wird

$$v = \frac{n_T \cdot \pi \cdot \sqrt{D^2 - D_1^2 + d_1^2}}{1 - \frac{\sqrt{D^2 - D_1^2 + d_1^2}}{D}},$$

Zu Beginn des Umspulvorganges ergibt sich die Geschwindigkeit

$$v_1 = \frac{n_T \cdot \pi \cdot d_1}{1 - \frac{d_1}{D_1}},$$

am Ende des Vorganges die Geschwindigkeit

$$v_2 = \frac{n_T \cdot \pi \cdot \sqrt{D_2^2 - D_1^2 + d_1^2}}{1 - \frac{\sqrt{D_2^2 - D_1^2 + d_1^2}}{D_2}}.$$

Bild 7 zeigt in einigen Kurven den Verlauf der Umspulgeschwindigkeit über dem Kuchen-Durchmesser für zwei in Frage kommende Hülsendurchmesser (2 cm; 2,5 cm). Als Topfdrehzahl wurden 27000 U/min zugrunde gelegt. Die maximale Umspulgeschwindigkeit hängt sehr stark vom Kuchendurchmesser zu Beginn des Vorganges ab (unteres Kurvenende). Mit kleiner werdendem Kuchen-Innen-Durchmesser steigt die maximale Geschwindigkeit sehr stark an.

Für konstante Drehzahlen n_T und konstanten Hülsendurchmesser d_1 (für die in Bild 7 mit Kurven beschriebenen Bereiche), jedoch nicht für geringe Kuchendicken gilt grob angenähert:

$$v_2 = f\left(\frac{D_2}{D_1}\right)^4.$$

Unter praktisch durchaus denkbaren Verhältnissen treten also maximale Umspulgeschwindigkeiten von 20000 bis 30000 m/min auf!

Zur Ermittlung der Umspulzeit t benötigt man die mittlere Umspulgeschwindigkeit v_m. Es ist dann

$$t = \frac{s}{v_m},$$

$$s = Nm \cdot G, \qquad G = H(D_2^2 - D_1^2)\frac{\pi}{4} \cdot \gamma.$$

s = Fadenlänge im Topf,
H = Hub,
γ = Spez. Gewicht des Spinnkuchens = 0,35 g/cm³,
Nm=metr. Nummer [m/g].)

Die mittlere Spulgeschwindigkeit v_m könnte durch Integration gewonnen werden

$$v_m = \frac{1}{D_2 - D_1}\int_{D_1}^{D_2} v \cdot dD.$$

Praktisch genügt die Berechnung des arithmetischen Mittelwertes. Aus einer grafischen Integration ergab sich, daß der arithmetische Mittelwert rd. 10% über dem tatsächlichen liegt. Mit einer ausreichenden Genauigkeit kann man daher schreiben:

$$\varrho_m = 0{,}9\,\frac{\varrho_1 + \varrho_2}{2},$$

$$t = \frac{2{,}25 \cdot s}{\varrho_1 + \varrho_2}.$$

Mit den voranstehenden Beziehungen ergibt sich

$$t = \frac{1{,}35 \cdot 10^8 \cdot H \cdot Nm \cdot \gamma}{n_T} \cdot \frac{D_2^2 - D_1^2}{\dfrac{D_1 \cdot d_1}{D_1 \cdot d_1} + \dfrac{D_2\sqrt{D_2^2 - D_2^1 + d_1^2}}{D_2 - \sqrt{D_2^2 - D_1^2 + d_1^2}}}\,[s].$$

(H [m], $D_{1,2}$ [m], d_1 [m], n_T [U/min].).

Die hiernach berechneten Umspulzeiten liegen für praktische Verhältnisse unter 60 *s* und betragen nur 0,2 bis 0,3% der Spinndauer für eine Topffüllung.

Infolge der außerordentlich hohen Umspulgeschwindigkeiten fallen also die Spinn-Verlustzeiten durch das Umspulen nicht ins Gewicht.

4.2 Die Fadenbeanspruchung beim Umspulprozeß

Die zu erwartenden hohen Fadenzugkräfte, denen eine Beeinträchtigung der Garneigenschaften nachgesagt wird [15], waren bisher noch nicht gemessen worden. Deshalb machten sich eigene Untersuchungen erforderlich, in die auch die Einflüsse verschiedener Bedingungen — Garnnummer, Topfdrehzahl, geometrische Verhältnisse — einbezogen werden sollten. Das hierfür verwendete Meßgerät wurde nach dem Prinzip einer Torsionsfederwaage gebaut (Bild 8), die anstelle des Fadenführers nach beendetem Spinnvorgang in den Topf eingebracht wird.

Der nach Einleitung des Umspulvorganges auf die Hülse auflaufende Faden verdreht diese gegenüber dem Halter, da der Fadenzug als Tangentialkraft wirkt. Die Verdrehung wird fliegend an einer Skala abgelesen. Da nur der größte Fadenzug am Ende des Umspulens interessiert, wurde der maximale Anzeigewert erfaßt. Durch Reproduktion des Zeigerausschlages mit Belastungsgewichten, die bei herausgenommenem Meßgerät an das Fadenende angehängt wurden, konnte der Fadenzug ermittelt werden.

Das Bild 9 zeigt die Ergebnisse derartiger Fadenzugmessungen (Bezeichnungen s. Bild 7). Bereits bei relativ niedrigen Topfdrehzahlen treten beachtliche Fadenzugkräfte auf. Sie steigen mit der 2. Potenz der Drehzahl. Sehr stark wird der Fadenzug vom Außen- und vom Innendurchmesser des Spinnkuchens beeinträchtigt. Unter sonst gleichbleibenden Verhältnissen ist er der Nummer umgekehrt proportional. Damit ist die querschnittsbezogene Belastung, die Fadenspannung, von der Fadenfeinheit unabhängig.

Bei einem Spinntopf von 82 mm Durchmesser, der bis zum Durchmesser von 60 mm mit Garn der Feinheit *Nm* 40 gefüllt ist und mit 27000 U/min rotiert, beträgt beispielsweise der Fadenzug T am Ende des Umspulvorganges 145 p, wenn eine Spulhülse von 20 mm Durchmesser Verwendung findet. Daraus ergibt sich eine Fadenbelastung von

$$Z = T \cdot Nm = 145 \cdot 40 = 5800\ \text{m}.$$

Das entspricht bei einem Baumwollgarn guter Qualität, für das man eine Reißlänge von 15 Rkm annehmen kann, fast 40% der Reißlänge. Bei schlechteren Garnqualitäten, bspw. bei einem kardierten, kurzstapeligen Garn mit einer Reißlänge von 12 Rkm oder weniger kann die Fadenbeanspruchung beim Umspulen durchaus die Hälfte der Reißfestigkeit ausmachen.

Für den beschriebenen Fall beträgt die Umspulgeschwindigkeit am Ende des Umspulvorganges 18000 m/min. Das frei gespannte Fadenstück zwischen Spinnkuchen und Aufspulhülse hat unter den angegebenen Bedingungen eine Länge von 3 cm; die Beanspruchungsdauer liegt dann in der Größenordnung von 1/10000 s.

Da also die Beanspruchung nur außerordentlich kurzzeitig erfolgt, ist sie in der Auswirkung auf das Garn nicht mit einer Belastung zu vergleichen, die unter den üblichen Prüfbedingungen (mit langsam verlaufendem Prüfvorgang) aufgebracht wird; sie wird sich weniger stark auswirken. Über diesbezügliche Spinn- und Umspulversuche wird später berichtet.

Zusammenfassung

Auf einer neuen, für Spinnversuche mit Drehzahlen über 20000 U/min entwickelten Spinnzentrifuge wurden Leistungsmessungen auf mechanischem und auf elektrischem Wege durchgeführt. Für die rechnerische Ermittlung der Luftreibungsleistung werden aus den Ergebnissen abgeleitete Gleichungen angegeben.

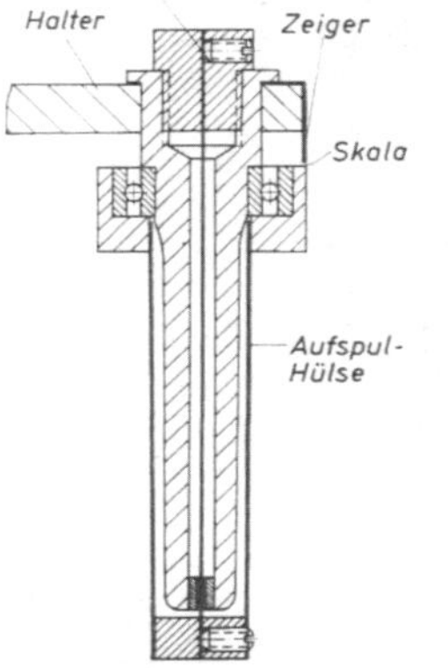

Bild 8. Fadenzugmeßgerät

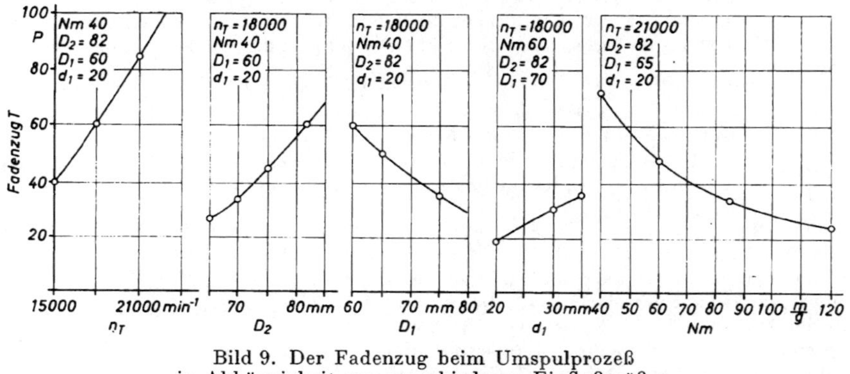

Bild 9. Der Fadenzug beim Umspulprozeß in Abhängigkeit von verschiedenen Einflußgrößen

Messungen des Fadenzuges beim Spinnen von Baumwollgarnen zeigten, daß theoretisch zu erwartende Reibungskräfte, die den Fadenzug um etwa $^1/_3$ mindern müßten, während des Spinnprozesses merklich nicht in Erscheinung treten. Vor und hinter dem Fadenführer herrscht praktisch die gleiche Fadenspannung.

Untersuchungen zur Garnentnahme aus dem Spinntopf galten der Umspulmethode. Für die Umspulgeschwindigkeit und -dauer wurden Gleichungen abgeleitet, nach denen sich z. B. für Drehzahlen über 20000 U/min und Topfdurchmesser um 80 mm maximale Geschwindigkeiten in der Größenordnung von 30000 m/min ergeben.

Eine experimentelle Ermittlung der beim Umspulprozeß auftretenden Fadenzugkräfte läßt auf Beanspruchungen schließen, die bis zur Hälfte der Reißfestigkeit von Baumwollgarnen betragen können.

Für die Mitarbeit an den Versuchen wird Herrn Ing. *H.-P. Gadegast* bestens gedankt.

Literatur

[1] DRP 567624, Siemens-Schuckert-Werke, Berlin-Siemensstadt: Topfspinnmaschine für Garne aus verzugsfähigen Lunten (13. 2. 1930).

[2] *Oertel, F.*, Über Versuche mit Spinnen von Flachsgarn in Elektrozentrifugen. Dt. Textilwirtsch. **4** (1937) 22, S. 41—47.

[3] *Oertel*, F., Die Elektrospindel für Kunstseide und andere Faserarten. Melliand Textilber. **23** (1942) S. 10—15.

[4] *Frenzel, W.*, und *Höhne, G.*, Herstellung von weichgedrehten und feinen Baumwollgarnen nach dem Topfspinnverfahren. Faserforsch. u. Textiltechn. **3** (1952) S. 295—300.
S. auch *Höhne, G.*, Diplomarbeit Institut für Textiltechnik, Technische Hochschule Dresden, Lehrstuhl Prof. Dr.-Ing. *W. Frenzel* 1952.

[5] *Frenzel, W.*, und *Liebscher, U.*, Die Herstellung von Flachsnaßgespinsten auf Spinnzentrifugen. Faserforsch. u. Textiltechn. **3** (1952) S. 356—373 u. 390—400.

[6] *Liebscher, U.*, Die Flachstopfspinnmaschine mit Hochverzugsstreckwerk, ihre Entwicklung und Erprobung. Faserforsch. u. Textiltechn. **7** (1956) S. 505—510.
S. auch *Liebscher, U.*, Dissertation Technische Hochschule Dresden 1955.

[7] *Bettermann, K.*, Betrachtungen über das Topfspinnen von Stapelfasern nach dem Trockenspinnverfahren. Faserforsch. u. Textiltechn. **9** (1958) S. 67—75.

[8] *Bettermann, K.*, Über Versuche zum Topfspinnen von trockenen Stapelfasern. Faserforsch. u. Textiltechn. **9** (1958) S. 87—94.

[9] *Bettermann, K.*, Betriebswirtschaftliche Betrachtungen zum Topfspinnen. Faserforsch. u. Textiltechn. **9** (1958) S. 136—142.
S. auch *Bettermann, K.*, Dissertation Technische Hochschule Dresden, 1957.

[10] *Hager, K.-F.*, Experimentelle Untersuchungen über die Luftreibung an Spinntöpfen. Faserforsch. u. Textiltechn. **7** (1956) S. 339—345.

[11] *Barthel, R.*, und *Schauer G.*, Berührungslose Drehzahl- und Schlupfmessung an Textilmaschinen. Dt. Textiltechnik **12** (1962) S. 267—270.

[12] *Makarov, A. I.*, Zur Frage der Leistungssenkung schnellaufender Spinnzentrifugen. Izv. vysšich uč. Zav. Technol. tekstil. Prom., Moskva (Hochschulnachr. Technol. Textil-Ind.) (1961) 1, S. 162—167.

[13] *Barthel, R.*, *Höhne, G.*, und *Schauer, G.*, Schwingungs- und Fadenzugkraftmessung mit dem Gerät SFM. Dt. Textiltechnik **12** (1962) S. 208—214.

[14] *Makarov, A. I.*, Einige Fragen zum Verspinnen von Baumwolle und Wolle im Zentrifugenspinnverfahren. Izv. vysšich uč. Zav. Technol. tekstil. Prom., Moskva (Hochschulnachr. Technol. Textil-Ind.) (1959) 1, S. 108—114; 2, S. 81—88.

[15] *Vokurka, E.*, Entwicklung, Probleme und Erfahrungen beim Zentrifugenspinnen. Textil, Praha **17** (1962) S. 449—452.

Eingegangen am 15. Juni 1964

Die Oberflächenbeschaffenheit der Elementarfäden von Viskosecordseiden[1]

Walter Kittelmann
Institut für Textiltechnik der TU Dresden

Herrn Prof. Dr.-Ing. Walter Frenzel zur Vollendung des 80. Lebensjahres gewidmet

DK 677.463—042.2:677.062:539.216.1:539.211

Zwecks Charakterisierung der Oberflächenbeschaffenheit von Elementarfäden werden Verfahren zur Bestimmung des Gestaltsfaktors und des Haftreibungskoeffizienten unterbreitet. Die an verschiedenen Cordseidenqualitäten durchgeführten Untersuchungen gestatten Aussagen über die Unrundheit der Querschnitte sowie den Einfluß von Avivageart, Auflagenhöhe und Gleichmäßigkeit der Auflage.

Структура поверхности элементарных нитей вискохного кордного шелка

С целью характеристики структуры поверхности элементарных нитей приводятся методы определения фактора формы и коэффициента адгезионного трения. Полученные при исследовании кордных нитей различного качества данные позволяют судить об отклонении поперечных сечений от круглой формы, а также о влиянии вида, толщины и равномерности нанесенного слоя авиважа.

The Surface Properties of the Elementar Filaments of Viscose Cord Rayon

In order to characterize the surface properties of elementar filaments, the methods of determining the shape factor and the coefficient of static friction are presented. The investigations performed on varouis cord grade rayons yield informations of the derivation of the cross section from circular shape as well as of the effects of type of lubricating agent, its thickness and regularity on the fibre.

1 Einleitung

Die Oberflächenbeschaffenheit von Elementarfäden wird beeinflußt durch die elektronenmikroskopische Oberflächenstruktur, die Querschnittsform sowie die Art und Auflagenhöhe der Avivage, Während in letzter Zeit *Maron*, *Gröbe* und *Casperson* [1] über elektronenmikroskopische Untersuchungen an Supercordfäden berichteten, soll in vorliegender Arbeit auf die Bestimmung der Unrundheit und die Ermittlung des Haftreibungskoeffizienten von Elementarfäden eingegangen werden. In einer früheren Arbeit [2] wurde bereits darauf

[1]) Auszug aus der Dissertation von *Walter Kittelmann*, TU Dresden, Fakultät für Technologie, 1964 (Referenten Prof. Dr.-Ing. habil. *W. Bobeth* und Prof. Dr.-Ing. *H. Böhringer*).

hingewiesen, daß die Querschnittsform der Elementarfäden und deren Haftreibungskoeffizienten neben anderen wichtigen physikalischen Eigenschaften das Festigkeitsverhalten von Viskosecordseiden maßgeblich beeinflussen.

Daß die Querschnittsform der Elementarfäden wesentlich durch die Erspinnungstechnologie beeinflußt wird, geht beispielsweise aus den Arbeiten von *Zehmisch* [3], *Kaszyński* und *Markowska* [4] sowie *Maron, Gröbe, Klare* u. a. [5] hervor.

Die Avivage, ein Mineral- oder Pflanzenöl, hat die Aufgabe, die Elementarfäden der Seide während der Weiterverarbeitung zum Zwirn zusammenzuhalten und der Seide eine gewisse Geschmeidigkeit zu verleihen. Dabei muß die Konstitution der Avivage auf die Imprägnierung, d. h. die Gummifreudigausrüstung, eng abgestimmt sein [6, 7]. Sie beeinflußt den Reißkraftverlust, die Festigkeit im feuchtefreien Zustand und die Ermüdungsanfälligkeit [6].

Nach den Auffassungen von *Cripps* [8] ist ein niedriger Reibungskoeffizient weniger für den Zwirnprozeß, sondern vielmehr für den Reißvorgang von Bedeutung. Je geringer der Reibungskoeffizient zwischen den Fäden ist, um so besser können sich in einem belasteten Cord die Elementarfäden über den wirksamen Querschnitt ausgleichen. *Warzée* und *Quintelier* [9, 10] weisen nach, daß der Zwirnverlust um so größer ist, je größer auch der Haftreibungskoeffizient zwischen den Einzelfäden des Zwirnes ist, und fordern einen niedrigen Reibungskoeffizienten während des Zwirnvorganges. Versuchsergebnisse von *Kersten* [11] und *Riedel* [12] bestätigen, daß für eine bestimmte Cordseidenqualität, die mit verschiedenen Avivagen präpariert worden war, der Reißlängenverlust der Seide im Zwirn bei gleicher Zwirnkonstruktion zwischen 21% und 38% schwankt. Ohne auf die Ermüdungsursachen von Fahrzeugreifen näher einzugehen, ist nach Ansicht von *Floyd* [13] die Erhöhung der Lebensdauer von Karkassen stark davon abhängig ,wie es gelingt, die Reibungsverhältnisse zwischen den Elementarfäden zu verbessern. Die gleiche Auffassung vertritt auch *Kern* [14], wonach die Grenzflächenreibung zwischen den Elementarfäden mitverantwortlich für die Ermüdung der Cordzwirne ist.

2 *Die Unrundheit von Elementarfadenquerschnitten*

Die Bestimmung der Unrundheit von Querschnitten setzt voraus, daß von den Elementarfäden Querschnittsbilder vorliegen, die, stark vergrößert, eine möglichst fehlerfreie Messung einzelner Querschnittsparameter ermöglichen. *Herzog* [15] weist darauf hin, daß unterhalb einer Vergrößerung von 1500fach die Meßfehler relativ groß werden können. Für die Messungen wurde eine Vergrößerung von 2000fach gewählt. Diese starke Vergrößerung erfordert jedoch ein einwandfreies Verfahren zur Herstellung der Querschnitte. Hierfür eignete sich das von *U. Müller* [16] in der Elektronenmikroskopie erprobte Abdruckverfahren mit „Movital“[2]). Vorversuche hatten ergeben, daß sowohl das Kork-Schneide-Verfahren als auch das Mikrotom-Verfahren zu große Meßfehler liefern.

Die einzelnen Viskosecordseiden wurden in Polyester eingebettet und von deren Schliffflächen je ein Abdruck mit „Movital“ hergestellt. Der Abdruck der Elementarfadenquerschnitte wurde mit dem auf das Mikroskop aufgesetzten Zeichenapparat an die Wand projiziert, und die einzelnen Querschnitte wurden abgezeichnet. Die Auswahl der zu zeichnenden Querschnitte erfolgte zufallsmäßig, wobei der gesamte Seidenquerschnitt abgetastet und kein Elementarfaden mit einer besonders großen Querschnittsfläche bevorzugt wurde.

Die Berechnung einer Maßzahl für die Unrundheit einzelner Querschnitte erfordert die Bestimmung der Querschnittsfläche und des -umfangs. Die Messung der Querschnittsfläche war mit dem Planimeter verhältnismäßig einfach. Wesentlich größere Schwierigkeiten bereitete die Messung des Querschnittsumfanges. Da kein geeignetes Längenmeßgerät zur Verfügung stand, mußte der Umfang jedes Elementarfadenquerschnittes mit dem Zirkel abgestochen werden. Die Stechlänge für die Querschnittsbilder bei 2000facher Vergrößerung betrug 1 mm, was einer tatsächlichen Umfangslänge von 0,0005 µm entspricht. Um den Einstellfehler des Stechzirkels auf 1 mm möglichst klein zu halten, wurde eine Eichlänge von genau 50 mm vorgegeben und die Feineinstellung des Zirkels durch mehrmaliges Abstechen der Eichlänge vorgenommen.

Nach *Herzog* [17] ist der „Völligkeitsgrad“ V eine Maßzahl für die Unrundheit eines Querschnittes. Er wird von ihm als das Verhältnis der Querschnittsfläche zu der dem Querschnitt umschriebenen Kreisfläche definiert.

$$V = \frac{400 \cdot F}{\pi \cdot B^2} = 127{,}32 \frac{F}{B^2} \, [\%] \tag{1}$$

(F Querschnittsfläche [µm²], B Faserbreite [µm].)

In Bild 1 sind die Querschnitte für zwei verschiedene Elementarfäden gezeichnet. Für einen Elementarfaden mit einem kreisrunden Querschnitt ist $V = 100\%$. Je bandartiger der Querschnitt ist, um so kleiner wird auch V.

Im Zusammenhang mit Betrachtungen über die Biege- und Torsionssteifigkeit von Fasern benötigen *Morton* und *Hearle* [18] ebenfalls Formfaktoren, deren Definition jedoch abhängig vom Biege- oder Verdrehungsmechanismus sind, so daß an dieser Stelle nicht näher darauf eingegangen werden soll.

Lord [19] definiert den Gestaltsfaktor für Fasern als das Verhältnis der Fläche eines Kreises mit dem gleichen Umfang wie der des Faserquerschnittes und der Faserquerschnittsfläche [20].

$$C = \frac{U^2}{4 \cdot \pi \cdot F} \tag{2}$$

C Gestaltsfaktor,
U Umfang des Querschnittes [µm],
F Querschnittsfläche [µm²]).

Für einen Kreis ist der Gestaltsfaktor gleich eins.

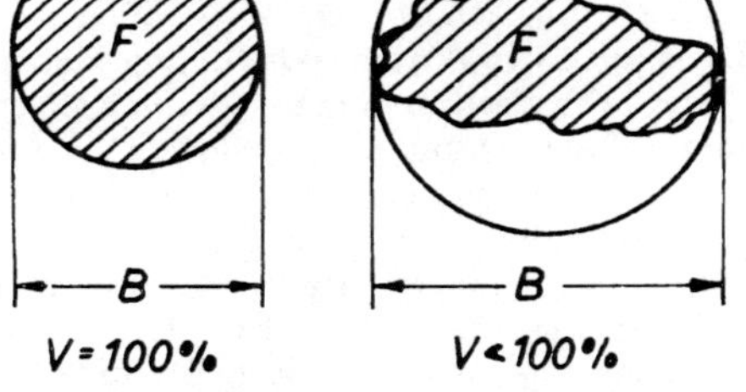

Bild 1. Zur Definition des Völligkeitsgrades V

[2]) Polyvinylformal der Farbwerke Hoechst AG.

Grudniewski [21] geht von dem Quotienten Fläche F_k zu Umfangsquadrat U_k^2 eines Kreises aus und erhält

$$K_K = \frac{F_k}{U_k^2} = \frac{1}{4\pi} \tag{3}$$

als Grenzwert. Bildet man das Verhältnis aus den Quotienten K_k eines Kreises und dem eines beliebigen Faserquerschnittes K_F, so erhält man den isoperimetrischen Koeffizienten J:

$$J = \frac{K_F}{K_K} = \frac{F \cdot 4\pi}{U^2}. \tag{4}$$

Vergleicht man den Gestaltsfaktor nach Gleichung (2) mit dem isoperimetrischen Koeffizienten nach Gleichung (4), so folgt

$$C = \frac{1}{J}. \tag{5}$$

Der isoperimetrische Koeffizient J ist umgekehrt proportional dem Gestaltsfaktor C. Je unrunder die Querschnittsfläche ist, um so kleiner wird der J-Wert.

Von den genannten Maßzahlen zur Berechnung der Unrundheit von Elementarfadenquerschnitten wurde dem Gestaltsfaktor gegenüber dem Völligkeitsgrad und dem isoperimetrischen Koeffizienten der Vorzug gegeben, weil der Gestaltsfaktor um so größer ist, je unrunder der Querschnitt ist.

Ein besonderer Vorteil dieser dimensionslosen Größen besteht darin, daß sie von der mikroskopischen Vergrößerung unabhängig sind. Die Vergrößerung wirkt sich nur auf die Meßgenauigkeiten aus, nicht aber z. B. auf den eigentlichen Wert des Gestaltsfaktors.

Die Berechnung des Gestaltsfaktors C erfolgte über die spezifische Faseroberfläche O_f, die als das Verhältnis von Umfang zu Fläche des Elementarfadenquerschnittes definiert werden kann [19]:

$$O_f = \frac{U}{F} = \left[\frac{\mu m}{\mu m^2}\right]. \tag{6}$$

Setzt man Gleichung (6) in Gleichung (2) ein, so erhält man

$$C = \frac{O_f \cdot U}{12{,}56}. \tag{7}$$

Der Gestaltsfaktor ist direkt proportional dem Produkt aus spezifischer Faseroberfläche und dem Faserumfang.

Für jeden Elementarfadenquerschnitt wurde der Gestaltsfaktor C errechnet und aus der Summe von 100 Einzelwerten das arithmetische Mittel gebildet. Die statistische Auswertung des Gestaltsfaktors erfolgte unter der Annahme einer *Gauß*schen Normalverteilung und einer Sicherheit von $S = 99\%$.

3 Der Haftreibungskoeffizient zwischen den Elementarfäden

Für die Bestimmung der Reibungskoeffizienten an Fasern und Elementarfäden gibt es eine Reihe von Verfahren [22], die sich sowohl hinsichtlich des Reibmaterials als auch der Prüflingsanordnung voneinander unterscheiden. Die Bestimmung des Reibungskoeffizienten Elementarfaden gegen Elementarfaden ist grundsätzlich in paralleler, in senkrechter oder verwundener Anordnung der Prüflinge möglich.

Für die Untersuchungen wurde das von *Bobeth* u. Mitarb. [23] entwickelte Gerät verwendet. Kleine konstruktive Änderungen machten sich für die Probeeinspannung erforderlich. Das Gerät arbeitet nach dem Prinzip der schiefen Ebene, wobei ein Elementarfaden nach Überwinden der Haftreibung unter einem rechten Winkel auf einen anderen abgleitet. Bild 2 zeigt das Reibungsmeßgerät ohne Antriebsteil. Die schiefe Ebene ist mit einer Kreisskala versehen, auf der der Reibungswinkel mittels Nonius auf 0,1° genau abgelesen werden kann. Zur Erzielung einer konstanten Winkelgeschwindigkeit ist der mechanische Antrieb mit einem Zentrifugalregler ausgestattet.

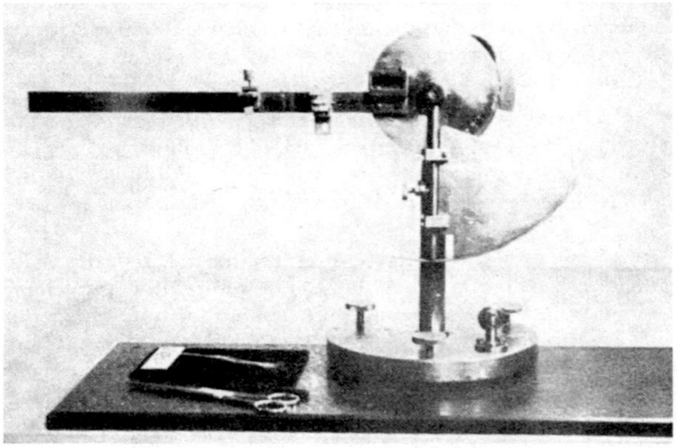

Bild 2. Gerät zur Bestimmung des Haftreibungskoeffizienten an Fasern und Elementarfäden

Bild 3 zeigt die eingespannten Elementarfäden vor Versuchsbeginn. Einer der Elementarfäden wird in die Klemme eingespannt und mit einer Vorspannkraft über die Auflage belastet. Der andere Elementarfaden wird unter leichter Streckung auf den in Bild 3 gezeigten Reiter aufgeklebt und auf den bereits eingespannten Prüfling aufgesetzt. Nach Einschalten des Antriebes neigt sich die schiefe Ebene mit konstanter Winkelgeschwindigkeit so lange, bis der Reiter abgleitet und der Antrieb von Hand abgeschaltet wird. Bei der Versuchsdurchführung ist stets darauf zu achten, daß der Reiter genau in der Mitte aufgesetzt wird und ganz ruhig hängt. Auf Grund der mit diesem Gerät von *Bobeth* u. Mitarb. durchgeführten Erprobungsversuche [23] wurden für die eigenen Untersuchungen folgende Versuchsbedingungen gewählt:

Einspannlänge	50 mm
Vorspannkraft des Elementarfadens (Längsrichtung)	2 p,

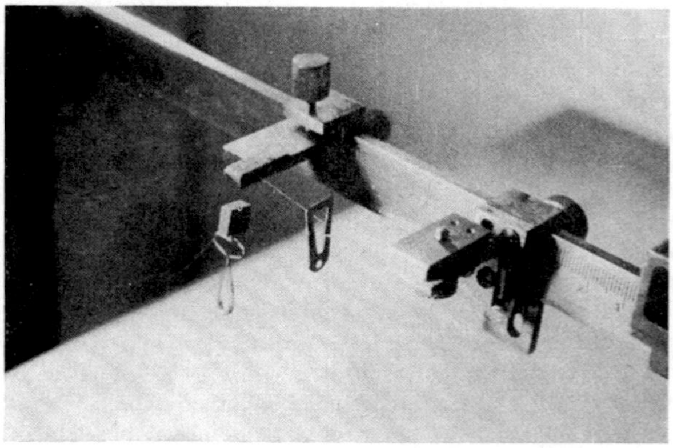

Bild 3. Eingespannte Elementarfäden vor der Reibungsmessung

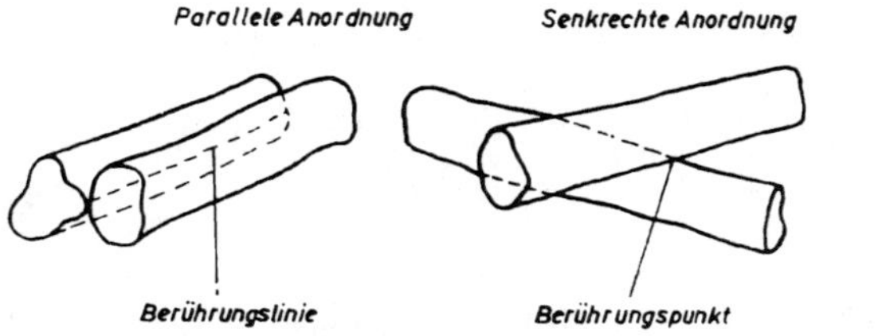

Bild 4. Parallele und senkrechte Anordnung der Elementarfäden bei der Reibungsmessung

Masse des Reiters mit aufgeklebtem Elementarfaden (Querrichtung)	0,4 g,
Winkelgeschwindigkeit	0,02 s^{-1}.

Wie aus Bild 3 ersichtlich, wird bei dem angewendeten Verfahren der Reibungskoeffizient zwischen zwei Elementarfäden, die senkrecht zueinander angeordnet sind, bestimmt. Theoretisch wird bei paralleler Anordnung der Elementarfäden die Reibung zwischen den beiden Fäden für die Berührungslinie und bei senkrechter Anordnung für den oder die Berührungspunkte bestimmt, wie aus Bild 4 hervorgeht. In Wirklichkeit werden sich jedoch Berührungsflächen ausbilden. Damit dürfte auch bewiesen sein, daß der Reibungskoeffizient nicht von dem Gestaltsfaktor der Elementarfadenquerschnitte abhängt, sondern eine davon unabhängige Größe darstellt.

An jedem Elementarfaden wurden vier Messungen durchgeführt, wobei nach je zwei Messungen einer der Elementarfäden im Wechsel mit dem anderen durch einen neuen Prüfling ersetzt wurde. Die Versuchsdurchführung für die entavivierten Prüflinge war die gleiche wie für die avivierten.

Da die Reibung zwischen den Elementarfäden von der tatsächlichen Kontaktfläche abhängt [23], gelten die ermittelten Reibungskoeffizienten nicht absolut, sondern sind im eigentlichen Sinne nur untereinander vergleichbar. Das für die Berechnung des Haftreibungskoeffizienten verwendete *Coulomb*sche Gesetz ist nur in großer Annäherung für textile Faserstoffe gültig [24]. Rauheit der Berührungslinie, Deformationsverhalten der Prüflinge sowie Versuchsbedingungen beeinflussen die Größe des Reibungskoeffizienten. Aus dem Reibungswinkel ε wurde für jeden der 50 Elementarfäden der Haftreibungskoeffizient μ nach folgender einfacher Gleichung berechnet:

$$\mu = \tan \varepsilon . \tag{8}$$

Die statistische Auswertung erfolgte wiederum unter der Annahme einer *Gauß*schen Normalverteilung mit $S = 99\%$.

Um den Einfluß der Avivage auf den Haftreibungskoeffizienten zahlenmäßig auszudrücken, wurde die Minderung der Haftreibung M nach Gleichung (9) berechnet:

$$M = 1 - \frac{\mu_a}{\mu_e} \tag{9}$$

(μ_a Haftreibungskoeffizient avivierter Elementarfäden, μ_e Haftreibungskoeffizient entavivierter Elementarfäden.)

Je größer der M-Wert ist, um so größer ist auch der Unterschied zwischen den beiden Reibungskoeffizienten.

4 *Versuchsergebnisse*

Die Bestimmung des Gestaltsfaktors und der Haftreibungskoeffizienten erfolgte an neun ausländischen (A) und an neun inländischen (J) Cordseiden der verschiedensten Qualitätsstufen.

In Bild 5 sind einige Elementarfadenquerschnitte als Beispiel für die einzelnen Versuchsnummern gezeichnet. Danach lassen sich die Querschnittsformen der untersuchten Seiden in etwa drei Gruppen einteilen;

	Versuchsnummer
1. Rundlicher Querschnitt mit glattem Umfang	A 1, A 7.1, J 3.1, J 5.1, J 5.2, J 5.3
2. Ellipsen-, nieren- oder pilzartiger Querschnitt mit teilweise gekerbtem, jedoch nahezu glattem Umfang	A 2, A 3, A 4, A 5.1, A 5.2, A 7.2, J 4.1, J 4.2
3. wie bei 2., jedoch mit mehr oder weniger gelapptem Umfang	A 6, J 1, J 2, J 3.2

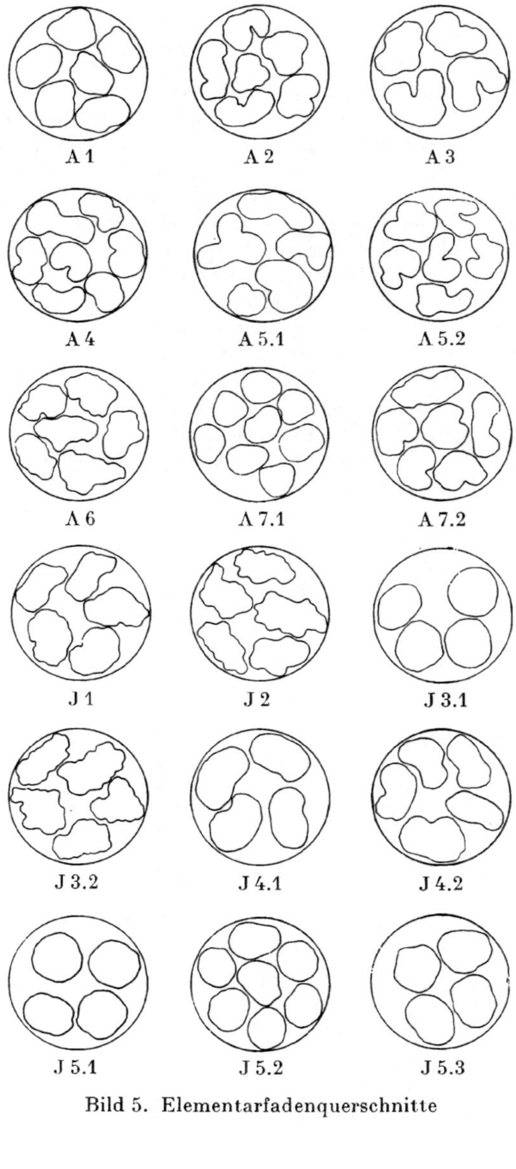

Bild 5. Elementarfadenquerschnitte

Tabelle 1. Elementarfadenquerschnitt-Kenngrößen

Versuchsnummer	Querschnittsfläche f [μm^2]				Spez. Oberfläche 0_f $\left[\frac{\mu m}{\mu m^2}\right]$				Gestaltfaktor C			
	$\bar{x}$	v [%]	$\bar{x}_u$	$\bar{x}_0$	$\bar{x}$	v [%]	$\bar{x}_u$	$\bar{x}_0$	$\bar{x}$	v [%]	$\bar{x}_u$	$\bar{x}_0$
A 1	130,0	6,43	127,8	132,2	0,326	3,62	0,323	0,329	1,100	3,84	1,089	1,111
A 2	121,0	9,55	118,0	124,0	0,373	7,08	0,366	0,380	1,329	12,29	1,286	1,372
A 3	162,0	8,46	158,4	165,6	0,330	7,85	0,323	0,337	1,408	13,85	1,357	1,459
A 4	132,0	19,67	125,2	138,8	0,369	10,05	0,359	0,379	1,398	15,02	1,343	1,453
A 5.1	190,0	15,28	182,4	197,6	0,323	11,83	0,313	0,333	1,557	16,12	1,491	1,623
A 5.2	116,0	8,34	113,5	118,5	0,412	8,16	0,403	0,421	1,569	13,80	1,512	1,626
A 6	148,0	15,14	142,1	153,9	0,343	8,72	0,335	0,351	1,362	8,24	1,333	1,391
A 7.1	92,0	15,98	88,1	95,9	0,391	6,04	0,385	0,397	1,111	5,36	1,095	1,127
A 7.2	141,0	10,21	137,2	144,8	0,330	9,64	0,322	0,338	1,221	15,15	1,172	1,270
J 1	154,0	9,48	150,2	157,8	0,327	6,79	0,321	0,333	1,273	7,56	1,248	1,298
J 2	167,0	17,66	159,2	174,8	0,340	9,12	0,332	0,348	1,507	8,03	1,475	1,539
J 3.1	162,0	10,52	157,3	166,7	0,291	5,09	0,287	0,295	1,053	3,05	1,045	1,061
J 3.2	180,0	26,39	168,5	191,5	0,331	14,92	0,318	0,344	1,491	11,40	1,446	1,536
J 4.1	175,0	8,39	171,1	178,9	0,292	5,38	0,288	0,296	1,181	4,54	1,167	1,195
J 4.2	147,0	11,43	142,6	151,4	0,324	6,94	0,318	0,330	1,215	7,19	1,192	1,238
J 5.1	159,0	4,93	156,9	161,1	0,291	3,57	0,288	0,294	1,070	4,54	1,058	1,082
J 5.2	138,0	14,04	132,9	143,1	0,314	6,94	0,308	0,320	1,169	3,39	1,059	1,079
J 5.3	159,0	9,52	155,0	163,0	0,290	5,32	0,285	0,295	1,168	3,32	1,158	1,178

In Tabelle 1 sind die Versuchsergebnisse für Querschnittsfläche, spezifische Oberfläche und Gestaltsfaktor enthalten. Entsprechend den unterschiedlichen Elementarfadenfeinheiten sind auch die Querschnittsflächen bei den einzelnen Cordseiden verschieden. Die Variationskoeffizienten und die Vertrauensgrenzen der Mittelwerte schwanken erheblich und sind ein Maß für die Ungleichmäßigkeit zwischen den einzelnen Elementarfäden. Die Querschnitte der Materialien J 5.1 und A 1 sind hinsichtlich der Querschnittsflächen am gleichmäßigsten. Den höchsten Variationskoeffizienten für die Querschnittsfläche besitzt das Material J 3.2.

Ein Vergleich der Variationskoeffizienten von Querschnittsfläche und spezifischer Oberfläche ergibt, daß in allen Fällen die Variationskoeffizienten der spezifischen Oberflächen kleiner als die der Querschnittsflächen sind, was mit dem Einfluß des Querschnittsumfangs zusammenhängt. Da es sich bei der spezifischen Oberfläche um ein Verhältnis von Umfang zu Fläche handelt, tritt ein gewisser Ausgleich der Flächenschwankungen ein.

Die Gestaltsfaktoren sind für die einzelnen Seidenarten recht unterschiedlich. Vergleicht man die Mittelwerte mit der für die Querschnittsform getroffenen Gruppierung, so besitzen die Seiden der ersten Gruppe einen Gestaltsfaktor in der Größenordnung von 1,06 bis 1,17, während die der übrigen Gruppen zwischen 1,18 und 1,57 liegen. Die verschiedenen Kerbungen und Lappungen der Querschnittsformen erlauben keine weitere Unterteilung. Vergleicht man wiederum die Variationskoeffizienten von Gestaltsfaktor und Querschnittsfläche gleicher Seiden miteinander, so findet man keine einheitliche Tendenz. Für die Seiden A 2, A 3, A 5.1 und A 7.2 sind die Variationskoeffizienten der Gestaltsfaktoren größer als die der Querschnittsflächen. Dies be-

Tabelle 2. Haftreibungskoeffizienten avivierter und entavivierter Elementarfäden

Versuchsnummer	Haftreibungskoeffizient μ_a avivierter Elementarfäden				Haftreibungskoeffizient μ_e entavivierter Elementarfäden				$M = 1 - \frac{\mu_a}{\mu_e}$
	$\bar{x}$	v [%]	$\bar{x}_u$	$\bar{x}_0$	$\bar{x}$	v [%]	$\bar{x}_u$	$\bar{x}_0$	
A 1	0,2264	14,13	0,2143	0,2385	0,3338	15,73	0,3148	0,3528	0,322
A 2	0,2453	9,13	0,2368	0,2538	0,4644	17,85	0,4330	0,4958	0,472
A 3	0,2797	13,23	0,2657	0,2937	0,4661	17,16	0,4358	0,4964	0,400
A 4	0,2529	10,91	0,2424	0,2634	0,4364	17,91	0,4066	0,4662	0,420
A 5.1	0,2428	10,54	0,2331	0,2525	0,3510	15,90	0,3299	0,3721	0,308
A 5.2	0,2331	12,78	0,2218	0,2444	0,3183	13,79	0,3017	0,3349	0,268
A 6	0,3673	15,27	0,3460	0,3886	0,3679	20,33	0,3395	0,3963	0,002
A 7.1	0,2968	16,34	0,2784	0,3152	0,3647	16,70	0,3416	0,3878	0,186
A 7.2	0,2146	14,21	0,2030	0,2262	0,3592	14,70	0,3392	0,3792	0,403
J 1	0,3403	8,49	0,3294	0,3512	0,4504	13,41	0,4276	0,4732	0,244
J 2	0,3232	13,55	0,3066	0,3398	0,3903	16,04	0,3666	0,4140	0,178
J 3.1	0,3028	9,97	0,2914	0,3142	0,4856	12,62	0,4624	0,5088	0,376
J 3.2	0,3119	11,80	0,2980	0,3258	0,5024	7,26	0,4886	0,5162	0,379
J 4.1	0,3902	10,66	0,3744	0,4060	0,5309	12,94	0,5049	0,5569	0,265
J 4.2	0,4328	15,04	0,4081	0,4575	0,5714	11,62	0,5462	0,5966	0,243
J 5.1	0,2637	10,81	0,2529	0,2745	0,4072	18,47	0,3787	0,4357	0,352
J 5.2	0,2875	10,87	0,2722	0,3028	0,5225	11,83	0,4991	0,5459	0,450
J 5.3	0,2749	11,75	0,2627	0,2871	0,4479	18,40	0,4167	0,4791	0,386

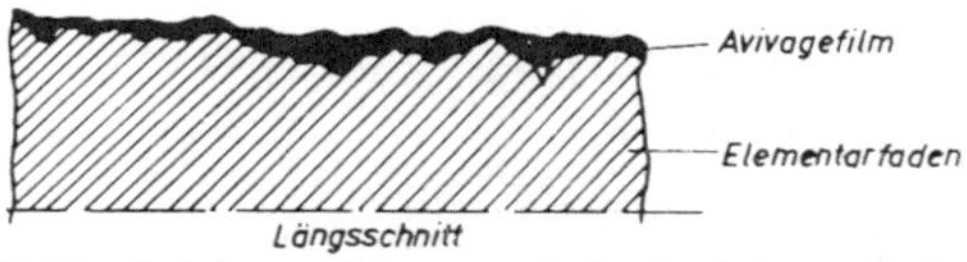

Bild 6. Avivierter Elementarfaden im Längsschnitt

deutet, daß bei diesen Seiden die Querschnittsformen mehr schwanken als die Elementarfadenflächen. Bei allen übrigen Versuchsmaterialien ist das Gegenteil der Fall.

Tabelle 2 enthält die Haftreibungskoeffizienten für die avivierten und entavivierten Elementarfäden und die durch die Avivage bewirkte Haftreibungsminderung der einzelnen Versuchsmaterialien.

Allgemein wurde gefunden, daß die Reibungskoeffizienten für die avivierten Elementarfäden kleiner als die der entavivierten sind. Bei den avivierten Fäden liegt μ_a zwischen 0,215 und 0,433, während die Grenzwerte für μ_e 0,318 und 0,571 sind. Vergleicht man die Variationskoeffizienten miteinander, so folgt, daß die der entavivierten Elementarfäden im allgemeinen größer als die der avivierten sind. Eine Ausnahme bilden lediglich die Versuchsmaterialien J 3.2 und J 4.2 mit den höchsten Reibungskoeffizienten.

Die unterschiedlichen Variationskoeffizienten der einzelnen Materialien weisen auf die vergleichmäßigende Wirkung der Avivage bei Reibungsvorgängen hin. Durch die Avivage werden wahrscheinlich die Unebenheiten der Elementarfadenoberflächen bis zu einem gewissen Grad ausgeglichen, wie Bild 6 schematisch für einen Längsschnitt zeigt. Der unterschiedliche Einfluß der Avivagen bei den verschiedenen Cordseiden ergibt sich aus den Zahlenwerten für die Minderung der Haftreibung. Je größer die Minderung bei einem hohen Reibungskoeffizienten der entavivierten Elementarfäden ist, um so größer ist der Avivageeinfluß auf das Reibungsverhalten. Wie *Röder* [25] nachweist, wird das Reibungsverhalten nicht nur durch die Art der Avivage, sondern auch durch Auflagenhöhe und sicher auch durch die Gleichmäßigkeit der Avivageauflage beeinflußt.

5 Zusammenfassung

Ausgehend von dem Einfluß der Oberflächenbeschaffenheit von Elementarfäden auf wichtige Eigenschaften von Cordzwirnen und Reifenkarkassen wird über ein Verfahren zur Bestimmung des Gestaltsfaktors von Querschnitten und die Bestimmung des Haftreibungskoeffizienten zwischen Elementarfäden in senkrechter Anordnung nach dem Prinzip der schiefen Ebene berichtet. Aus den an 18 Cordseidenqualitäten erhaltenen Ergebnissen folgt:

1. Die im Cordseidenquerschnitt vorhandenen Elementarfäden besitzen keine einheitliche Querschnittsfläche.
2. Die Querschnittsformen sind zwischen und innerhalb der einzelnen Seiden unterschiedlich. Bei den hochwertigen Cordseiden ist der Querschnitt nahezu rund und der Umfang glatt.
3. Der Haftreibungskoeffizient ist unabhängig von dem Gestaltsfaktor der Elementarfäden und für die avivierten Elementarfäden kleiner als für die entavivierten.
4. Der Avivageeinfluß zur Minderung der Haftreibung zwischen den Elementarfäden ist sehr unterschiedlich und sowohl von der Avivageart, wie auch von der Auflagenhöhe und der Gleichmäßigkeit der Auflage abhängig.
5. Die Avivage beeinflußt nicht nur den mittleren Haftreibungskoeffizienten, sondern bewirkt außerdem eine Vergleichmäßigung bei Reibungsvorgängen. Die Variationskoeffizienten sind im allgemeinen für die entavivierten Elementarfäden größer als für die avivierten Fäden.

6 Literatur

[1] *Maron, R.*, *Gröbe, A.*, und *Casperson, G.*, Elektronenmikroskopische Untersuchungen an Supercordfäden. Faserforsch. u. Textiltechn. **15** (1964) S. 202—205.

[2] *Bobeth, W.*, und *Kittelmann, W.*, Über die Ursachen des Festigkeitsverlustes von Viskosecordseiden. Faserforsch. u. Textiltechn. **13** (1962) S. 293—299.

[3] *Zehmisch, E.*, Studien über die Einflüsse einiger Spinnbedingungen auf die Mantelbildung und die Querschnittsform von Viskosefasern. Faserforsch. u. Textiltechn. **13** (1962) S. 139—146.

[4] *Kaszyński, A.*, und *Markowska, D.*, Vergleich des Einflusses von der Viskose oder dem Koagulationsbad zugesetzten Modifikatoren auf einige Fasereigenschaften. Faserforsch. u. Textiltechn. **14** (1963) S. 256—258.

[5] *Maron, R.*, *Gröbe, A.*, *Klare, H.*, und *Casperson, G.*, Versuche zur Untersuchung der koagulierenden Wirkung von Viskosespinnbädern. Faserforsch. u. Textiltechn. **14** (1963) S. 313—319.

[6] *Pieper, E.*, Technisches Cellulose-Reyon für die Gummireifen-Industrie. Kautschuk u. Gummi **7** (1964) S. WT 148—WT 157.

[7] *Sichler, P.*, Textile Probleme im Reifenbau. Reyon, Zellwolle andere Chemiefasern **7** (1957) S. 619—622.

[8] *Cripps, H.*, Relationship between the strength of filament yarn and a corded structure. Textile Manuf. **87** (1961) S. 267—269.

[9] *Warzeé, M.*, und *Quintelier, G.*, Effect of the finish on the Cord yield of rayon Tyre Yarns. J. Textile Inst. **46** (1955) S. P 123—P 133.

[10] *Quintelier, G.*, und *Warzeé, M.*, Einfluß des Zwirnens auf die mechanischen Eigenschaften und die Widerstandsfähigkeit gegen Abnützung der Reyonfäden für Gummireifen. Internationaler Kongreß der wissenschaftlichen Erforschung der Textilindustrie 1955 in Brüssel.

[11] *Kersten, Kl.*, Diplomarbeit, angefertigt am Institut für Textiltechnik der TH Dresden 1960.

[12] *Riedl, M.*, Diplomarbeit, angefertigt am Institut für Textiltechnik der TU Dresden 1962.

[13] *Floyd, K. L.*, Das Verhalten von Reyon-Reifencords unter Kompressionsbiegung. J. Textile Inst. **53** (1962) S. T 449—T 463.

[14] *Kern, W. F.*, Bemerkungen zur Beziehung von Labor- und Prüfstands-Messungen zum Straßenverhalten bei Reifenlaufflächen. Kautschuk u. Gummi **8** (1955), Sonderheft „Der Reifen" S. 31—40.

[15] *Herzog, A.*, Handbuch der mikroskopischen Technik für Fasertechnologen. Berlin: Akademie-Verlag 1951.

[16] *Müller, U.*, Persönliche Mitteilung über die Herstellung von Querschnittsbildern nach dem Abdruckverfahren.

[17] *Herzog, A.*, Mikrophotographischer Atlas der technisch wichtigen Pflanzenarten. 2. Aufl. Berlin: Akademie-Verlag 1955.

[18] *Morton, W. E.*, und *Hearle, J. W. S.*, Physical Properties of textile Fibres. Manchester u. London: The Textile Institute and Butterworths 1962.

[19] *Lord, E.*, Air flow through plugs of textile fibres. J. Textile Inst. **46** (1955) S. T 191—T 213.

[20] *Bobeth, W.*, und *Heger, A.*, Zur exakten Bestimmung der spezifischen Oberfläche sowie der Feinheit von Faserstoffen im Luftstrom. Faserforsch. u. Textiltechn. **12** (1961) S. 261—268.

[21] *Grudnisewski, M.*, Persönliche Mitteilung 1962.

[22] *Wegener, W.*, in Handbuch der Werkstoffprüfung. Bd. 5. Die Prüfung von Textilien. Berlin-Göttingen-Heidelberg: Springer 1960.

[23] F/E-Bericht „Entwicklung einer Apparatur zur Ermittlung des statischen Reibungsverhaltens von Textilfasern, -fäden und -geweben" des Institutes für Technologie der Fasern der DAW 1955.

[24] *Tausche, M.*, Diplomarbeit, angefertigt am Institut für Textiltechnik der TH Dresden 1959.

[25] *Röder, H. L.*, Measurements of the Influence of Finishing Agents on the Friction of Fibres. J. Textile Inst. **44** (1953) S. T 247—T 265.

Eingegangen am 6. Juli 1964

Faserforschung und Textiltechnik 15 (1964) Heft 9

Über die Faserverteilung im Bastfaser-Streckwerk

Ulrich Liebscher[1])

Herrn Prof. Dr.-Ing. Walter Frenzel zur Vollendung des 80. Lebensjahres gewidmet

DK 677.11/.15:677.051.74.001.24

Aus dem Verhältnis der effektiven und der theoretischen Menge der schwimmenden Fasern im Streckfeld wird ein neuer Kennwert, das Rückhaltevermögen R, errechnet. Er soll gestatten, die Wirksamkeit eines Reibungskraftfeldes im Streckwerk zu beurteilen.

О распределении волокон в вытяжном аппарате для лубяных волокон

Исходя из соотношения действительного количества волокон к теоретическому количеству не захваченных цилиндрами вытяжного прибора волокон вычисляется новый показатель — задерживающая способность R. При помощи последнего возможно проводить оценку эффективности поля сил трения в вытяжном приборе.

On the Fibre Distribution in the Bast Fibre Drawing Frame

A new characteristic, viz. the retention power R, is calculated from the ratio of the effective and theoretical quantity of floating fibres in the drawing zone. It is intended to estimate by this characteristic the effectiveness of the field of friction forces in the drawing frame.

1 Theoretisches

Aus der Faserverteilung im Streckwerk kann auf den Verzugsablauf geschlossen werden [1, 2]. Es sei bei der ersten Betrachtung konstante Faserlänge vorausgesetzt. Wird die Fasermasse im Punkt i des Streckfeldes auf die Fasermasse des zugeführten Bandes bezogen, so ergibt sich die relative Fasermasse m_i, die über der Streckfeldweite aufgetragen werden kann:

$$m_i = \frac{Tt_i}{Tt_B} \cdot 100\%.$$

(Tt_i Fasermasse/Länge im Streckfeld in der Entfernung i von den Eingangswalzen in ktex
Tt_B Fasermasse/Länge des zugeführten Bandes in ktex,
m_i relative Fasermasse im Streckfeld in der Entfernung i von den Eingangswalzen).

Bild 1a ergibt sich, wenn kein Verzug stattfindet. Fläche A repräsentiert den von den Eingangswalzen und Fläche B den von den Ausgangswalzen geklemmten Faseranteil.

Diese Flächen stellen somit auch Faserhalbbärte dar, die nach dem von *E. Müller* angegebenen Verfahren zur Faserlängenbestimmung [3] angefertigt werden können. Das Faserband wird hierzu in einem Querschnitt geklemmt, und die nicht erfaßten Fasern werden vorsichtig ausgekämmt. Diese Faserhalbbärte werden sodann in Abschnitte von 10 mm zerlegt. Für Vergleiche werden die Massen dieser einzelnen Abschnitte auf die Masse des vollständigen Bandes bezogen. Die relative Fasermasse ist

$$m_j = \frac{Tt_j}{Tt_B} \cdot 100\%.$$

(Tt_j Fasermasse/Länge des j-ten Abschnittes des Faserhalbbartes in ktex,
Tt_B Fasermasse/Länge des vollständigen Bandes in ktex,
m_j relative Fasermasse des j-ten Abschnittes des Faserhalbbartes).

[1]) Gekürzte Wiedergabe eines Abschnittes aus der Habilitationsschrift des Verfassers an der Fakultät für Maschinenbau der Technischen Hochschule Karl-Marx-Stadt.
Dekan: Prof. Dr.-Ing. habil. *W. Häußler*;
Referenten: Prof. Dipl.-Ing. *H. Neumann*, Prof. Dr.-Ing. habil. *H. Perner*.

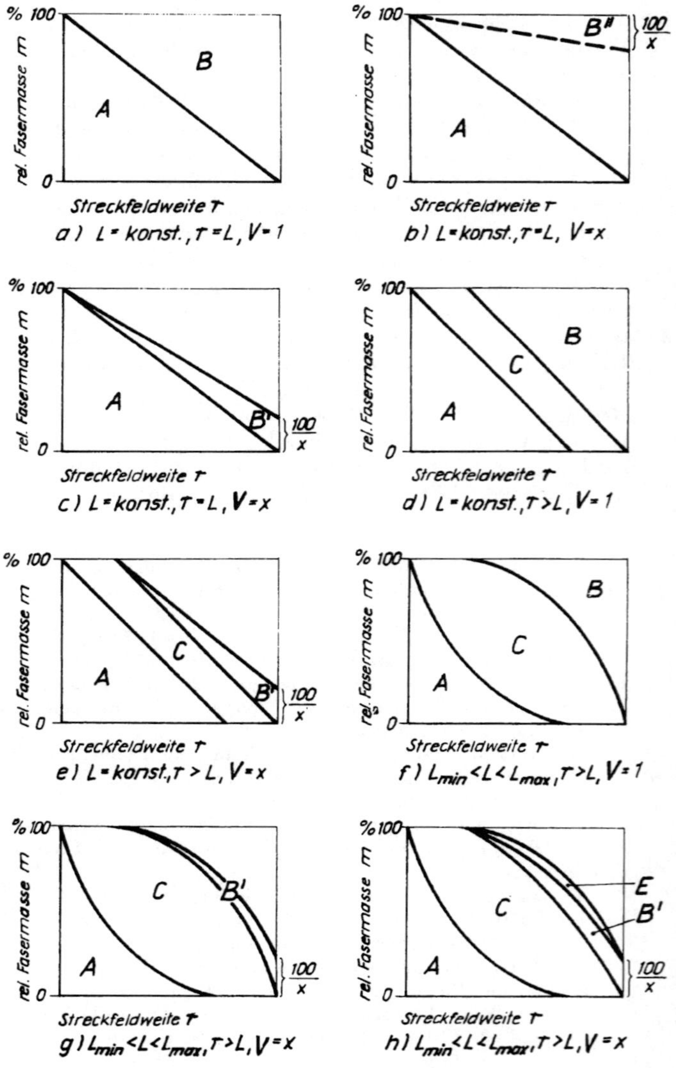

Bild 1. Faserverteilung im Streckwerk
L = mittlere Faserlänge, V = Verzug

Tabelle 1. Ergebnisse von Faserhalbbartmessungen an Bändern von zwei Strecken F und S sowie am Vorlageband. Relative Fasermasse m in Abhängigkeit von der Klemmpunktentfernung e

Vorlageband		Band der Strecke F				Band der Strecke S			
e [mm]	m [%]	e [mm]	m [%]	$9/10 \cdot m$ [%]	$1/10 \cdot m$ [%]	e [mm]	m [%]	$9/10 \cdot m$ [%]	$1/10 \cdot m$ [%]
0	100	0	100	90	10	0	100	90	10
50	74	50	63	56,5	6,5	50	76	68,5	7,5
100	57	100	43	39	4	100	59	53,5	5,5
150	37	150	24	21,5	2,5	150	39	35	4
200	24	200	15	13,5	1,5	200	28	25	4
250	16	250	8	7	1	250	18	15	3
300	8	300	4	3,5	0,3	300	11	10	1
350	5	350	2	1,8	0,2	350	5	4,5	0,5
400	2	400	1,5	1,4	0,1	400	3	2,7	0,3
450	2	450	1	0,9	0,1	450	1,5	1,4	0,1
500	1	500	0,1	0,1	0	500	0,5	0,5	0
550	1	550	0	0	0	550	0,5	0,5	0
600	0,5					600	0	0	0
650	0								

Durch Auftragen dieser relativen Fasermassen über der mittleren Entfernung von der Klemmstelle entsteht ein Faserhalbbartdiagramm.

Bei einem Verzug V wird der Anteil A beibehalten, während der Anteil B auf den V-ten Teil B'' bzw. B', Bilder 1 b und c, verringert wird. B' ist der Faserhalbbart des Faserbandes, der sich zwischen den Ausgangswalzen befindet und aus B unter Berücksichtigung des Verzugs V abgeleitet werden kann.

Wenn die Streckfeldweite größer als die Faserlänge ist, wird ein Teil der Fasern nicht von den Eingangs- oder Ausgangswalzen geklemmt. Diese schwimmenden Fasern werden durch die Fläche C wiedergegeben (Bilder 1 d und e).

Die Faserverbände sind jedoch nicht aus Fasern einheitlicher Länge zusammengesetzt. Sie können aber nach *Sotikov* [4] durch mehrere parallele Ströme von Fasern jeweils konstanter Länge ersetzt werden. Es ergibt sich dann eine Faserverteilung nach den Bildern 1 f und g statt nach den Bildern 1 d und e.

Eine Faserverteilung nach Bild 1 g würde bei idealem Verzug auftreten. Tatsächlich werden jedoch schwimmende Fasern vom Anteil C durch schnelle Fasern vom Anteil B' oder durch Wandern der Ausgangswalzenklemmlinie auf Grund maschineller Unzulänglichkeiten vorzeitig beschleunigt und abgeliefert. Daher werden die aus praktischen Untersuchungen erhaltenen Flächen für C von dieser theoretischen Darstellung abweichen (Bild 1 h). Bei der effektiven Faserverteilung befindet sich die durch die Fläche E dargestellte Fasermasse nicht mehr im Streckfeld, sondern wurde vorzeitig abgeführt. Die Wirkungsweise eines Reibungskraftfeldes, das die schwimmenden Fasern auf Eingangsgeschwindigkeit halten soll, kann somit nach dem Verhältnis der effektiven Fläche der schwimmenden Fasern C_{eff} zu der theoretisch zu erwartenden Fläche C_{th} beurteilt werden. Dieses Verhältnis soll als Rückhaltevermögen R bezeichnet werden:

$$R = \frac{C_{eff}}{C_{th}} \cdot 100\%.$$

Es ist ein Kriterium für die Wirksamkeit des Reibungskraftfeldes in einem Streckwerk.

2 Praktische Untersuchungen

Um die Reibungskraftfelder zweier Flachsstrecken F und S beurteilen zu können, wurde die Faserverteilung in beiden Streckwerken untersucht. Von Vorlagebändern und von verzogenen, aber undublierten Bändern der beiden Strecken wurden Faserhalbbärte hergestellt. Aus 20 Einzelwerten wurden die Mittelwerte errechnet (Tabelle 1) und in Bild 2 eingetragen.

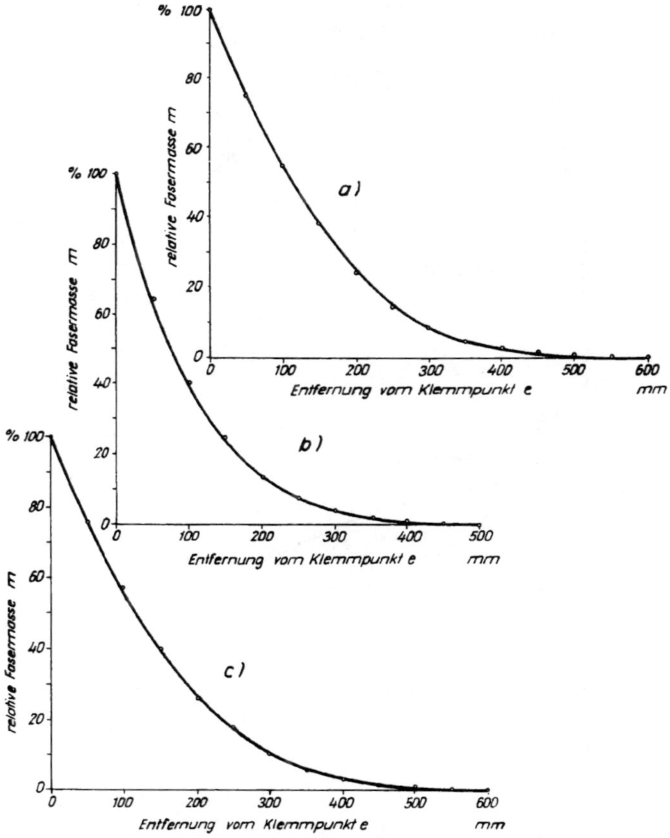

Bild 2. Faserhalbbartkurven
a) vom Vorlageband — b) vom Band der Strecke F — c) vom Band der Strecke S

Tabelle 2. Ergebnisse von Fasermassebestimmungen im Streckfeld von zwei Strecken F und S. Relative Fasermasse in m Abhängigkeit von der Entfernung der Eingangswalzenklemmlinie r

Strecke F		Strecke S			
r [mm]	m [%]	r [mm]	m [%]	r [mm]	m [%]
0	100	0	101	336	85
33	103	16	98	352	79
67	101	32	100	368	72
100	98	48	98	384	78
133	99	64	101	400	75
167	97	80	98	416	70
200	95	96	99	432	64
233	91	112	97	448	59
267	90	128	92	464	63
300	90	144	99	480	55
333	84	160	95	496	58
367	83	176	96	512	58
400	79	192	90	528	52
433	76	208	89	544	47
467	63	224	95	560	42
500	63	240	89	576	38
533	46	256	84	592	34
567	34	272	83	608	27
600	26	288	87	624	23
633	18	304	86	640	19
660	10	320	82	656	15
				675	10

Ferner wurde das Faserband zwischen den Gills zerschnitten, und die Massen dieser Abschnitte wurden ermittelt. Von 10 Messungen sind die Mittelwerte der relativen Fasermassen in Tabelle 2 angegeben. In Bild 3 sind sie über der Streckfeldweite aufgetragen.

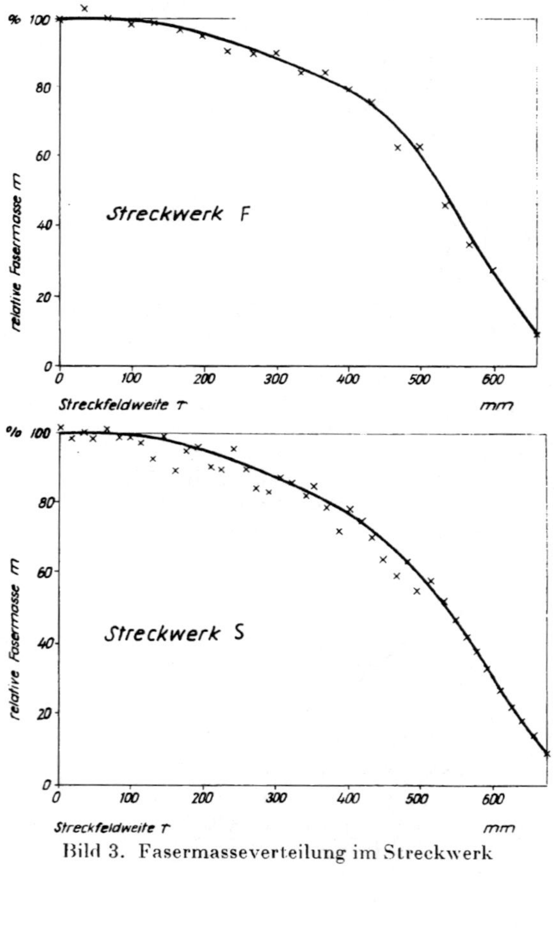

Bild 3. Fasermasseverteilung im Streckwerk

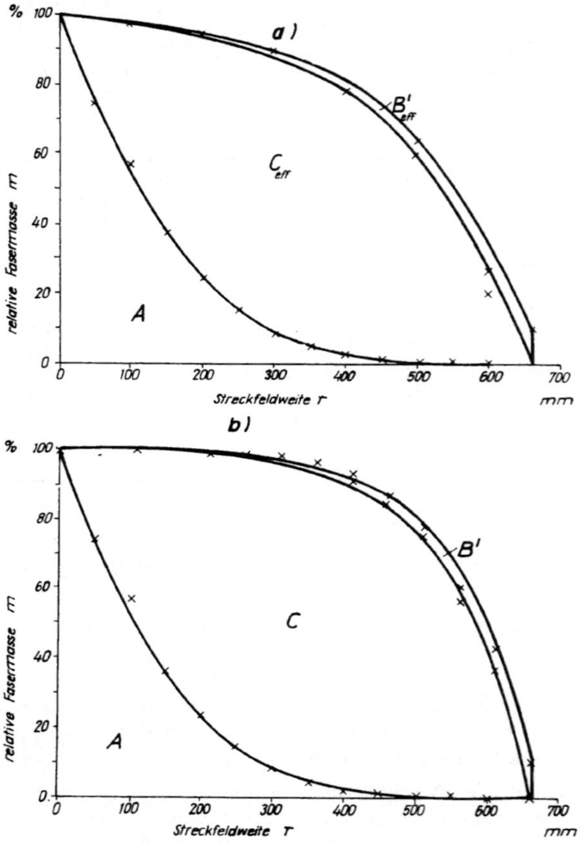

Bild 4. Fasermasseverteilung im Streckwerk F
a) effektive Verteilung — b) theoretisch zu erwartende Verteilung
A von Eingangswalzen erfaßte Fasern — C schwimmende Fasern — B′ von Ausgangswalzen erfaßte Fasern

Aus den Ergebnissen dieser Messungen konnten die theoretischen und effektiven Fasermasseverteilungen in den Streckwerken graphisch dargestellt werden (Bilder 4 und 5).

Die effektiv vorhandene Fasermasse — Fläche $A + C_{eff} + B'_{eff}$ in den Bildern 4a und 5a — wird durch die Fasermassebestimmung im Streckfeld gewonnen. Der Anteil der Flächen B' und B'_{eff} entspricht dem V-ten Teil des Faserhalbbartes des verzogenen Bandes, und die Flächen A werden aus den Ergebnissen der Faserhalbbartmessungen am Vorlageband erhalten. Die obere Begrenzungslinie der Fläche C in den Bildern 4b und 5b entsteht durch Auftragen des Faserhalbbartes vom verzogenen Band (Fläche B in Bild 1f).

Das Rückhaltevermögen R beträgt für das Streckwerk S

$$R_S = \frac{69{,}63\,\text{cm}^2}{77{,}22\,\text{cm}^2} \cdot 100\% = 89{,}8\%$$

und für das Streckwerk F

$$R_F = \frac{70{,}92\,\text{cm}^2}{82{,}80\,\text{cm}^2} \cdot 100\% = 85{,}7\%.$$

Das Reibungskraftfeld des Streckwerks S scheint demnach seine Aufgaben etwas besser zu erfüllen.

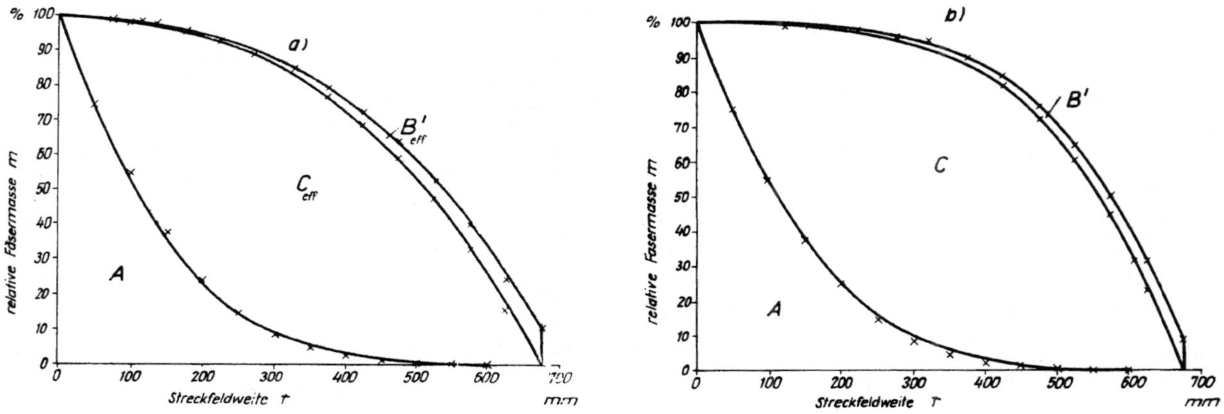

Bild 5. Fasermasseverteilung im Streckwerk *S*
a) effektive Verteilung — b) theoretisch zu erwartende Verteilung
A von Eingangswalzen erfaßte Fasern — *C* schwimmende Fasern — *B'* von Ausgangswalzen erfaßte Fasern

Literatur

[1] *Rohs, W.*, und *Steinmetz, L.*, Die Masseungleichmäßigkeit von Flachsstreckenbändern in Abhängigkeit von Verzug und Doppelung. Forschungsberichte des Landes Nordrhein-Westfalen. Nr. 435. Köln und Opladen: Westdeutscher Verlag 1579.

[2] *Gangli, L. A.*, Die Faserverteilung beim Verzugsvorgang in Bastfaserstreckwerken. Textil-Praxis **18** (1963) S. 208–211.

[3] *Sommer, H.*, Die Prüfung von Textilien. Handbuch der Werkstoffprüfung. 5. Bd. Berlin, Göttingen, Heidelberg: Springer 1960.

[4] *Sotikov, V. E.*, Die Theorie des Verzuges. Moskau 1933.

Eingegangen am 9. Juni 1964

Verbesserung des Baumwoll-Spinnprozesses durch den Einsatz von Streckwerken mit geregeltem Verzug

Harald Perner
Institut für Textiltechnik der Technischen Universität Dresden

Herrn Professor Dr.-Ing. Walter Frenzel zur Vollendung des 80. Lebensjahres gewidmet

DK 677.21.021/.022

Der gegenwärtige Stand der Verzugssteuerung bzw. Verzugsregelung wird dargelegt, wobei auch ein neuartiges Verfahren, die gesteuerte Dublierung, Berücksichtigung findet. Sodann folgt eine Beschreibung von Versuchsarbeiten zur Entwicklung eines geeigneten Meßwertgebers für die Einzelbandregelung in der Baumwollspinnerei.

Улучшение процесса хлопкопрядения путем применения вытяжных приборов с регулируемой вытяжкой

Излагается современное состояние управления и регулировки вытажки, причем рассмагривается и новый способ контролируемого сложения. Далее следует описание работ по созданию датчика, пригодного для индивидуальной регулировки лент в хлопкопрядении.

Improvement of the Cotton Spinning Process by Use of Drawing Devices with Controlled Draft

A survey of the up-to-date situation in draft control resp. draft regulation, including a new method termed "controlled plying", is followed by the describtion of experimental work in developing a suitable test data generating device for single sliver control in cotton spinning.

1 Einleitung

Die gegenwärtig angewendete Technologie des Baumwoll-Spinnprozesses, nach der die Fasern vom Zustand des Ballens in den Zustand des Garnes stufenweise zu transformieren sind, erfordert die Aufteilung, mechanische Reinigung und Ordnung einer sehr großen Anzahl von Baumwollfasern, die sich im Ballen befinden. So enthält z. B. ein Baumwollballen mit einer Masse von 200 kg, dessen Fasern eine Feinheit von 200 mtex und eine Länge von 30 mm besitzen, insgesamt $3{,}33 \cdot 10^{10}$ Baumwollfasern. Diese vielen Fasern, die in einem geringen Volumen angehäuft sind, müssen zu einem längenbetonten Garn umgeordnet werden, das unter anderem auch bestimmten Ansprüchen an die äußere Gleichmäßigkeit gerecht werden soll. Neben öffnenden und reinigenden Arbeitsgängen sind deshalb auch transportierende Vorgänge an den Fasern durchzuführen, die diese Umschichtung von der Lage im Ballen zur Lage im Garn bewirken. Derartige transportierende Vorgänge, mit denen vorwiegend auch gleichzeitig eine Verfeinerung des Faserbandes verbunden ist, werden als Verzugsvorgänge bezeichnet.

2 Gegenwärtiger Entwicklungsstand

Auf Grund empirischer Beobachtungen konnte bereits in einem früheren Entwicklungsstadium festgestellt werden, daß jeder Verzugsvorgang das Faserband verungleichmäßigt. Später fand *O. König* auch die theoretischen Zusammenhänge dafür, die ihren Ausdruck in der Gleichung

$$v_{eff_{id_2}} = \sqrt{v_{eff_1}^2 + \frac{100^2}{\overline{N}}(V-1)} \quad (1)$$

finden [1].

Darin bedeuten:

$v_{eff_{id_2}}$ Effektiver Variationskoeffizient der Masse kurzer Stücke eines Faserbandes nach einem idealen Verzug,

v_{eff_1} Effektiver Variationskoeffizient der Masse kurzer Stücke des Faserbandes vor dem Verzug,

$\overline{N}$ Mittlere Anzahl der Fasern im Querschnitt des unverzogenen Faserbandes,

V Verzug.

Diese bereits bei einem idealen Verzug auftretende Zunahme der Bandungleichmäßigkeit wird im praktischen Fall noch übertroffen, da ein idealer Verzug kaum realisierbar ist und darüber hinaus noch Streckwerksunzulänglichkeiten ungleichmäßigkeitsfördernd wirken.

Da der Verzug somit zum Wesen des Baumwoll-Spinnprozesses gehört, andererseits aber das damit nach Gleichung (1) gesetzmäßig verbundene Ansteigen der Ungleichmäßigkeit sehr unerwünscht ist, wurde als Gegenwirkung seit jeher die Dublierung angewendet. Die Dublierung bewirkt eine auf statistischen Gesetzmäßigkeiten beruhende Vergleichmäßigung der Faserbänder. Ihre Wirkung wird mit der Gleichung

$$\sigma_{\overline{x}} = \frac{\sigma_x}{\sqrt{N}} \quad (2)$$

beschrieben.

Darin bedeuten:

$\sigma_{\overline{x}}$ Standardabweichung der Masse kurzer Stücke eines dublierten Faserbandes,

σ_x Standardabweichung der Masse kurzer Stücke der vorgelegten Faserbänder,

N Anzahl der dublierten Faserbänder.

Der Vorteil der Faserband-Vergleichmäßigung durch die Dublierung liegt in der einfachen Durchführung dieses Prozesses, der nur bescheidenen maschinentechnischen Aufwand erfordert. Das erklärt auch die Tatsache, daß sich dieses Verfahren in allen Spinnereizweigen, die mit größeren Verzügen arbeiten, so umfassend eingeführt hat.

Die Faserband-Vergleichmäßigung durch Dublierung hat aber folgende schwerwiegende Nachteile:

1. Jede Dublierung erfordert einen mindestens ebenso hohen Verzug, um die Feinheit der Ausgangsbänder wieder zu erreichen bzw. zu übertreffen. Dieser mit der Dublierung somit untrennbar verbundene Verzug verursacht aber gesetzmäßig eine Verungleichmäßigung nach Gleichung (1). Je höher also die Dublierung ist, um so größer muß auch der Verzug sein, d. h., um so größer ist die Verungleichmäßigung, die der Vergleichmäßigung infolge der Dublierung entgegenwirkt. Deshalb kann nur ein Teil der bei der Dublierung theoretisch möglichen Vergleichmäßigung des Faserbandes wirksam werden.

   Dabei wird z. B. im Spinnprozeß für kardiertes Baumwollgarn das auf kurze Längen recht gleichmäßige Kardenband durch den Streckwerkverzug im Bereich kurzer Längen erheblich verungleichmäßigt, wie aus Usterdiagrammen anschaulich zu erkennen ist. Die Bandgüte auf kurze Längen wird somit beträchtlich vermindert.
2. Auf dem Wege vom Baumwollballen bis zum Garn ist jede Dublierung ein erheblicher technologischer Rückschritt, da aus einem dünneren Faserband ein dickeres entsteht. Das Ziel des Spinnprozesses besteht aber darin, aus dickeren Faserbändern solche mit dünnerem Querschnitt herzustellen. Eine derartige Arbeitsweise steht überdies den neuzeitlichen Bestrebungen zur Entwicklung eines kontinuierlichen Baumwoll-Spinnprozesses im Wege.
3. Durch analytische Behandlung der Dublierungsgesetze, wie sie z. B. von *F. Tobisch* [2] durchgeführt wurde, läßt sich zeigen, daß sich bei der Dublierung infolge der wirkenden mathematisch-statistischen Gesetze lediglich die Häufigkeit im Bereich der mittleren Werte der Verteilungskurve erhöht und in den Randgebieten verringert. Die *Gauß*-Kurve wird dadurch höher und schlanker, aber ihre Basis wird dabei nicht verkleinert, d. h., der Abstand zwischen größtem und kleinstem Massewert bleibt bestehen.

Das geht aus der von *F. Tobisch* angegebenen Gleichung

$$p_N = N \int\limits_{x_1}\int\limits_{x_2} \ldots \int\limits_{x_{N-1}} \Phi_1(x_1) \cdot \Phi_1(x_2) \cdot \ldots \cdot \Phi_1(x_{N-1}) \cdot \Phi_1(N \cdot x - x_1 - x_2 - \ldots - x_{N-1})\, dx_1 \cdot dx_2 \cdot \ldots \cdot dx_{N-1} \quad (3)$$

klar hervor.

Darin bedeuten:

p_N Häufigkeitsverteilung nach einer N-fachen Dublierung,

N Anzahl der dublierten Faserbänder,

Φ_1 Häufigkeitsverteilung innerhalb eines der vorgelegten Faserbänder.

Wird in die Gleichung (3) die Funktion der *Gauß*schen Normalverteilung

$$p = \frac{h}{\sqrt{\pi}} e^{-h^2 \cdot x^2}$$

eingesetzt und umgeformt, so entsteht die Gleichung (2).

Aus diesen Betrachtungen resultiert die Erkenntnis, daß die dicksten und dünnsten Faserbandstellen theoretisch auch durch eine N-fache Dublierung keine Veränderung erfahren. Die Differenz zwischen den extremen Faserbandstellen bleibt somit trotz der Dublierung bestehen. Das ist ein schwerwiegender spinntechnischer Nachteil, da gerade diese Faserbandstellen die Qualität des Garnes sehr nachteilig beeinflussen.

Auf Grund der dargestellten Zusammenhänge ist es zu verstehen, daß bereits vor vielen Jahren Versuche zur aktiven, d. h. operativen Verbesserung der Faserbandgleichmäßigkeit mit Hilfe eines variablen Streckwerkverzuges unternommen worden sind. Der wohl älteste Gedanke einer derartigen Faserband-Vergleichmäßigungsvorrichtung stammt aus dem Jahre 1884 und ist in der amerikanischen Patentschrift USAP 305654 von *A. T. Atherton* niedergelegt worden [3]. Es mußte aber erst ein bestimmter Stand auf dem Gebiet des Textilmaschinenbaues erreicht werden, bevor dieses Idee verwirklicht werden konnte. Auf der 2. Internationalen Textilmaschinenausstellung in Brüssel im Jahre 1955 wurde erstmalig eine technisch ausgereifte Regulierstrecke für die Kammgarnspinnerei von der englischen Firma Prince Smith and Stells der Öffentlichkeit vorgeführt. Diese Maschine, die mit Nutwalze und Tastrolle als Meßwertgeber, mit Stifttrommelspeicher und Konusriemengetriebe arbeitet, hat sich inzwischen in die Praxis eingeführt und bewährt. In der Folgezeit sind weitere Regulierstrecken verschiedener Konstruktionen bekannt geworden. Gegenwärtig liegen mehr als 30 Konstruktionsprinzipien als Ideen, Patente, Entwürfe oder in ausgeführter Form vor. Sie lassen sich im wesentlichen auf zwei grundlegende regelungstechnische Prinzipien zurückführen, und zwar auf die Steuerung bzw. auf die Regelung des Verzuges, Bilder 1 und 2 [3].

Bild 1 zeigt die Anwendung der Verzugssteuerung. Die Messung der Faserband-Ungleichmäßigkeit erfolgt hierbei vor dem Eingangswalzenpaar des Streckwerkes. Zur Überbrückung der Zeit zwischen Abtastung und Einstellung des Regulierverzuges müssen die vom Meßglied M ermittelten

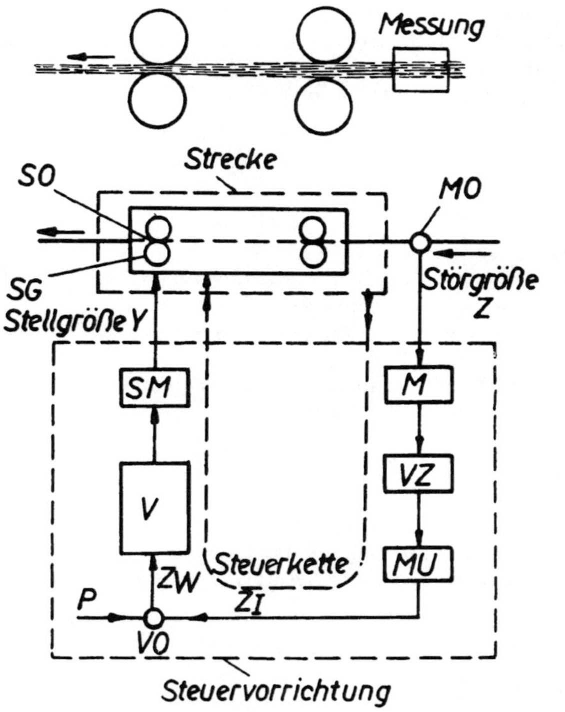

Bild 1. Blockschaubild eines Faserband-Steuersystems mit Messung des Faserbandes am Streckwerkseingang

MO Meßort — M Meßglied — VZ Verzögerungsvorrichtung — MU Meßwertumformer — Z_I Wert der Störgröße — P Arbeitspunkt — VO Vergleichswert — Z_W Abweichung der Störgröße vom Arbeitspunkt — V Verstärker — SM Stellmotor — SG Stellglied — SO Stellort

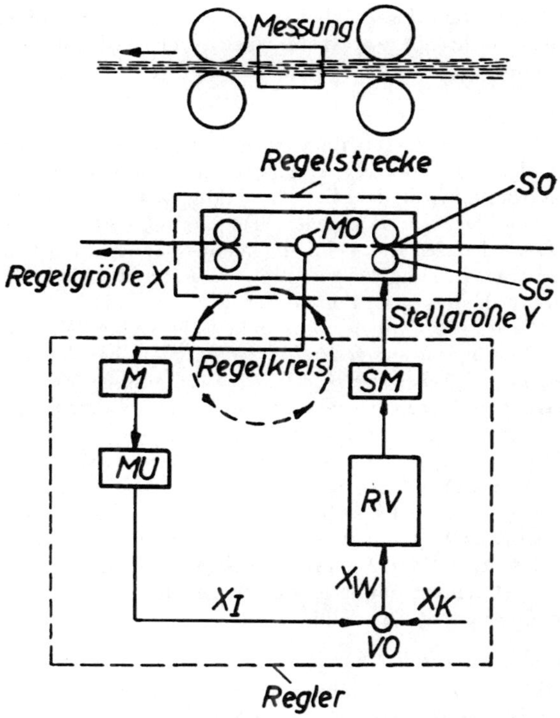

Bild 2. Blockschaubild eines Faserband-Regelsystems mit Messung des Faserbandes innerhalb des Streckfeldes

MO Meßort — M Meßglied — MU Meßwertumformer — X_I Istwert der Regelgröße — X_S Sollwert der Regelgröße — VO Vergleichsort — X_W Regelabweichung — RV Regelverstärker — SM Stellmotor — SG Stellglied — SO Stellort

Werte von einer Verzögerungsvorrichtung *VZ* gespeichert werden. Die von *VZ* abgenommenen Meßbeträge werden erforderlichenfalls durch den Meßwertumformer *MU* in andere Meßgrößen verwandelt. In einer Verstärkervorrichtung *V* erfolgt die Verstärkung und über eine Stellvorrichtung *SM* (Motor, Getriebe usw.) wird das Stellglied *SG* (Ausgangswalzenpaar) in seiner Umlauffrequenz so beeinflußt, daß sich ein Regulierverzug zwischen Eingangs- und Ausgangswalzenpaar ergibt, dessen Größe proportional zu der vom Meßglied *M* festgestellten Masse der betrachteten Faserbandstelle ist. Dieser Eingriff übt hierbei jedoch keinen Einfluß auf den Meßbetrag aus. Das ist das Kennzeichen einer Steuerung.

In Bild 2 ist eine Verzugsregelung dargestellt worden. Die Messung erfolgt hier unmittelbar an der Verzugsstelle zwischen dem Eingangs- und dem Ausgangswalzenpaar. Eine Speicherung der Meßwerte ist deshalb nicht erforderlich. Die Größe des Eingriffes beeinflußt das Meßergebnis, da Meßort und Eingriffsort zusammenfallen.

In der Kammgarnspinnerei haben sich die Steuer- und Regulierstrecken seit dem Jahre 1955 in überraschend schneller Weise Eingang verschafft. Schon seit einigen Jahren ist ein modernes Sortiment für die Kammgarn-Vorspinnerei ohne Regulierstrecke nicht mehr denkbar. Es gelang damit, die ehemals 6 bis 11 Vorspinnpassagen auf 3 bis 5 Passagen zu reduzieren.

Weit schwieriger ist die Einführung des geregelten Verzuges in die Baumwollspinnerei. Während in der Kammgarnspinnerei sehr dicke Faserbänder vorliegen, sind die Bänder in der Baumwollspinnerei erheblich feiner. Außerdem ist die Faserlänge entsprechend kürzer. Aus diesem Grunde werden in der Baumwollspinnerei an die Meßgenauigkeit, Präzision, Reaktionsgeschwindigkeit und Funktionssicherheit des Regelorganes beachtlich höhere Anforderungen gestellt als in der Kammgarnspinnerei. Brauchbare Lösungen liegen bisher von den Firmen Graf (Schweiz), Saco-Lowell (USA) und Zellweger (Schweiz), Toyo Spinning Co. (Japan), Ingolstadt (Bundesrepublik) und Nitto Boseki Co. (Japan) vor.

Auch am Institut für Textiltechnik der Technischen Universität Dresden werden seit mehreren Jahren Arbeiten auf diesem Gebiet durchgeführt. Bereits im Jahre 1959, noch bevor die Lösungen der genannten Firmen in der Literatur bekannt wurden, konnte ein derartiges Streckwerk, das zum Anbau an vorhandene Karden geeignet ist, von uns beschrieben werden [4, 5].

In der folgenden Zeit wurde dieses Regulierstreckwerk weiter verbessert.

Gegenwärtig sind folgende Varianten zur Durchführung eines gesteuerten bzw. geregelten Verzuges denkbar:

2.1 Kombination von Dublierung und gesteuertem bzw. geregeltem Verzug

Dem Regulierstreckwerk werden mehrere Faserbänder vorgelegt, um die Vorteile der Dublierung und des geregelten Verzuges gleichzeitig zu nutzen. Im Streckwerk wirkt dabei jedoch ein geregelter Verzug, der im allgemeinen gleich oder größer als die Dublierung ist. Da Gleichung (1) auch für geregelte Verzüge gilt, tritt infolge des durch die Dublierung bedingten hohen Regulierverzuges eine entsprechende Verungleichmäßigung des Bandes ein, so daß im abgelieferten Faserband wieder Masseschwankungen auf kurze Längen vorhanden sind. Dadurch wird ein Teil der Bemühungen zur Verbesserung der Bandgleichmäßigkeit durch die Anwendung eines Regulierstreckwerkes zunichte gemacht.

Als Vorteil dieser Arbeitsweise ist die relativ einfach durchzuführende Abtastung einer durch die Dublierung vergrößerten Bandmasse zu nennen.

2.2 *Einzelbandregelung*

Das von einer Textilmaschine, z. B. der Karde, kommende, mit äußerer Ungleichmäßigkeit behaftetete Faserband wird als Einzelband abgetastet und einem Regulierverzug unterworfen. Da hierbei — im Gegensatz zur Dublierung — im allgemeinen keine wesentliche Bandverfeinerung beabsichtigt ist, kann der Regulierverzug niedrig gehalten werden ($V = 1{,}1$ bis $1{,}5$). Dadurch tritt die ungleichmäßigkeitsfördernde Wirkung des Verzuges weniger in Erscheinung als bei der vorgenannten Arbeitsweise. Der Nachteil dieser Methode besteht in der schwierigen technischen Durchführung der Massemessung des Einzelbandes.

In einer Abart dieser Arbeitsweise wird zunächst dubliert, anschließend mit konstantem Verzug auf die Feinheit eines Einzelbandes verzogen, dann dieses Einzelband abgetastet und dem Regulierverzug unterworfen. Der Vorzug dieser Arbeitsweise besteht darin, die Vorteile der Dublierung bei Vermeidung eines hohen Regulierverzuges zu nutzen.

2.3 *Gesteuerte Dublierung*

Die Verungleichmäßigung des erhaltenen Faserbandes durch den erforderlichen Regulierverzug ist nach Gleichung (1) bei der Kombination von Dublierung und geregeltem Verzug besonders groß. Aber auch bei der Einzelbandregelung ist diese Erscheinung — wenn auch in abgeschwächtem Maße — noch vorhanden, weil der Regulierverzug den gesamten Querschnitt des Einzelbandes erfaßt.

Eine nahezu vollkommene Ausschaltung der negativen Auswirkungen des Regulierverzuges ist deshalb in der Anwendung einer gesteuerten Dublierung zu erblicken, auf die das Patent DWP 26281 erteilt wurde [6]. Das Prinzip der gesteuerten Dublierung zeigt Bild 3. Das zu vergleichmäßigende Faserband 1 wird abgetastet und danach ein dünnes Ausgleichsfaserband 10 so in seiner Feinheit geregelt, daß bei der Dublierung beider Bänder ein Ausgleich der Ungleichmäßigkeit des zu vergleichmäßigenden Bandes 1 eintritt. Bei diesem Verfahren wirkt der verungleichmäßigende Steuerverzug nur auf das dünne Zusatzband 10, das nur einen Bruchteil des Bandquerschnittes des regulierten Faserbandes darstellt.

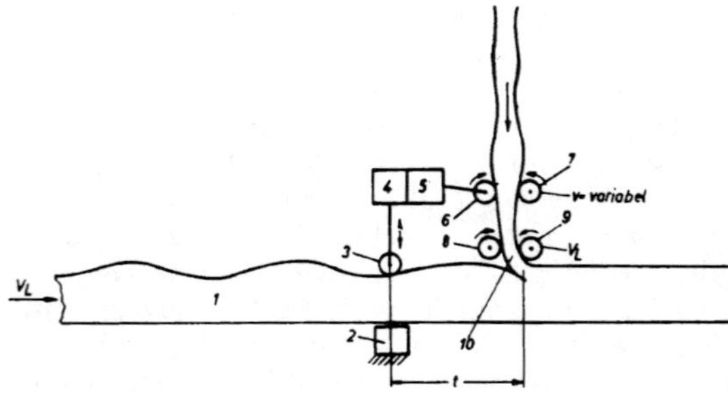

Bild 3. Prinzip der gesteuerten Dublierung
1 Ungleichmäßiges Faserband — 2, 3 Abtastvorrichtung — 4 Verstärkervorrichtung — 5 Antrieb — 6, 7 Eingangswalzenpaar des Regulierstreckwerkes — 8, 9 Ausgangswalzenpaar des Regulierstreckwerkes — 10 Dünnes Ausgleichsfaserband

In den letzten Jahren wurde der Regulierverzug auch theoretisch bearbeitet. Von *Tabata* und *Ishikawa* konnte z. B. die Verzögerungszeit bei Anwendung einer Steuerung ermittelt werden, die sich nach der Gleichung

$$t_V = \frac{(l_1 + l_2) - (l_3 - l_4)}{v_E} \tag{4}$$

bestimmt.

Darin bedeuten:

t_V Verzögerungszeit in s,
l_1 Abstand zwischen Abtastung und Klemmlinie des Eingangswalzenpaares,
l_2 Abstand der Klemmlinien des Streckwerkes (Streckfeldweite),
l_3 Abstand des Punktes der Geschwindigkeitsänderung von der Klemmlinie des Ausgangswalzenpaares,

$$l_4 = \frac{\bar{l}}{2}\,(1 + c_f^2); \qquad c_f^2 = \left(\frac{\sigma}{\bar{l}}\right)^2,$$

$\bar{l}$ Mittlere Faserlänge,
σ Standardabweichung der Faserlänge,
v_E Geschwindigkeit der Eingangswalzen.

Eine tiefschürfende Abhandlung über den Regulierverzug stammt auch von *S. S. Kovner* [7].

3 *Versuchsergebnisse*

Aus den bisherigen Darstellungen geht eindeutig hervor, daß für die Entwicklung eines kontinuierlichen Baumwoll-Spinnsystems die Vergleichmäßigung von Einzelbändern durch die Anwendung eines gesteuerten oder geregelten Verzuges erforderlich ist, da die Kombination von Dublierung und geregeltem Verzug infolge der genannten Nachteile nicht die optimale Lösung darstellt. Es bestand also die Aufgabe, zunächst ein zuverlässiges Prinzip zur Abtastung einzelner Faserbänder mit den in der Baumwollspinnerei üblichen Feinheiten zu finden.

Dabei standen folgende Prinzipien zur Auswahl:

1. Mechanisches Abtastverfahren (Nutwalze mit Tastwalze),
2. Strahlungsmeßverfahren,
3. Kapazitives Meßverfahren,
4. Fotoelektrische Faserbandmessung,
5. Pneumatisches Kontrollverfahren,
6. Widerstandsmeßverfahren,
7. Ultraschall-Bandabtastung.

Im Rahmen unserer Arbeiten sind vorerst die unter 1 bis 4 genannten Verfahren vergleichend untersucht worden. Dabei zeigte es sich, daß für die Abtastung eines einzelnen Faserbandes das mechanische Abtastverfahren aus Gründen der Betriebssicherheit und wegen der Unmöglichkeit der Anwendung des Prinzipes der Regelung, das Strahlungsmeßverfahren unter Verwendung des relativ gefahrlosen Betastrahlers $^{85}_{36}$Kr aus meßstatistischen Gründen und das kapazitive Meßverfahren wegen des damit verbundenen hohen elektrischen Aufwandes und seiner Feuchtigkeitsempfindlichkeit weniger geeignet erschienen.

Als relativ gut geeignet erwies sich dagegen die fotoelektrische Faserbandmessung. Dabei wird das Faserband am Fenster einer Fotozelle vorbeigeführt. Das Faserband wird von einer Lichtquelle senkrecht zur

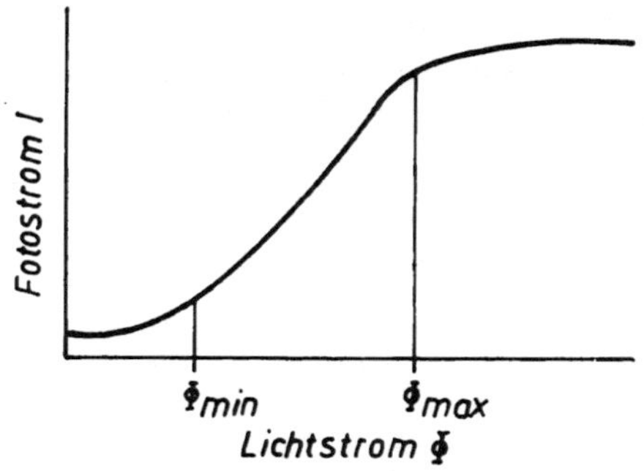

Bild 4. Fotostrom in Abhängigkeit vom Lichtstrom

Laufrichtung durchstrahlt, wobei Masseschwankungen eine Änderung des Fotostromes verursachen.

Bei hinreichend hoher Spannung ist der Fotostrom der Lichtintensität proportional nach der Beziehung:

$$I = K \cdot \Phi. \qquad (5)$$

Es bedeuten:

I Fotostrom, Φ Lichtstrom, K Konstante.

Der Dunkelstrom, der bei vollkommen abgedunkelter Fotozelle noch fließt, wird vernachlässigt. Die Charakteristik der Funktion $I = f(\Phi)$ zeigt Bild 4. Für die Anwendung interessiert nur der annähernd lineare Bereich. Hier erreicht der Differentialquotient $dI/d\Phi$ seinen Höchstwert. Als Lichtquelle wurde eine 6 V-Lampe (15 W) verwendet. Der Meßschlitz war 8 × 12 mm. Eine ausreichende Durchleuchtung war aber erst bei Bandfeinheiten von *Nm* 0,7 bis 0,9 (1,1 bis 1,4 ktex) zu erzielen. Deshalb wird in den nächsten Untersuchungen die Leistung der Lichtquelle auf 30 W erhöht. Die Meßstelle muß kurz vor dem Ausgangswalzenpaar angebracht werden. Das bietet den Vorteil, das günstigere

Bild 5. Regulierstreckwerk mit optischem, mechanischem und kapazitivem Meßwertgeber (Ansicht)

Bild 6. Regulierstreckwerk mit optischem, mechanischem und kapazitivem Meßwertgeber (Draufsicht)

Bild 7. Regulierstreckwerk an einer Baumwoll-Wanderdeckelkarde

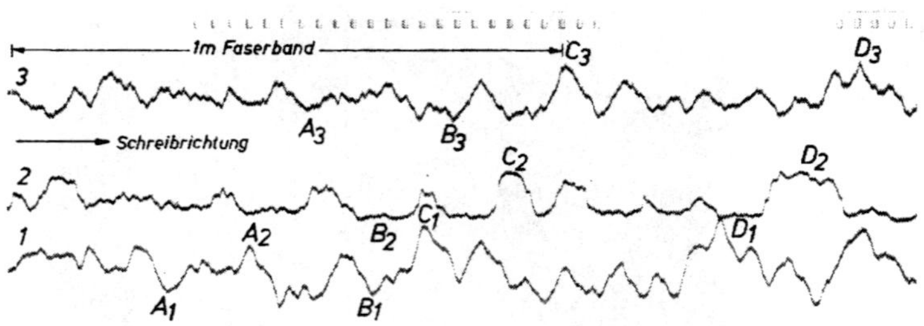

Bild 8. Masseschwankungen eines Faserbandes
Kurve 1: Fotoelektrischer Meßwertgeber
Kurve 2: Mechanischer Meßwertgeber
Kurve 3: Kapazitiver Meßwertgeber

Prinzip einer Regelung nach Bild 2 anwenden zu können.

Der funktionelle Zusammenhang zwischen Fotostrom und Faserbandmasse ist durch eine mathematische Beziehung nicht darstellbar. Deshalb wurde mit Hilfe einer mechanischen Abtastvorrichtung der Zusammenhang $I = f(m)$ durch vergleichende Eichung ermittelt.

Das fotoelektrische Meßprinzip ist naturgemäß auch mit einigen Nachteilen behaftet:

1. Die relativ große Masse eines Faserbandes kann unvollständig durchleuchtet werden.
2. Unterschiedliche Bandformen bzw. Faserlagen wirken sich möglicherweise aus.
3. Verschiedene Farbtönungen der Fasern können Einfluß auf die Meßwerte haben.
4. Abweichungen in der Lichtstreuung durch unterschiedliche Provenienzen sind möglich.
5. Die auf die Fotozelle einfallende Lichtmenge ist abhängig von der Faserfeinheit.

Die negative Auswirkung dieser Einflußfaktoren kann aber durch entsprechende Gestaltung der Meßanordnung stark eingegrenzt werden.

In ein Regulierstreckwerk, Bilder 5 bis 7, wurden hintereinander ein fotoelektrischer, ein mechanischer und ein kapazitiver Meßwertgeber eingebaut und die am selben Faserband aufgenommenen Masseschwankungen oszillografisch registriert, Bild 8. Der Kurvenzug 1 stammt vom fotoelektrischen, Kurvenzug 2 vom mechanischen und Kurvenzug 3 vom kapazitiven Meßwertgeber. Die gleichen Bandstellen sind jeweils markiert (A_1, A_2, A_3, ... D_1, D_2, D_3). Sie liegen zeitlich nacheinander, weil die drei Meßwertgeber im Regulierstreckwerk hintereinander angeordnet waren, so daß immer eine bestimmte Zeit vergeht, bevor die gleiche Bandstelle am nächsten Meßwertgeber ankommt. Es ist zu erkennen, daß die Kurvenzüge 1 und 3 gut übereinstimmen. Kurvenzug 2 zeigt infolge unkontrollierbarer Reibungseinflüsse nicht hinnehmbare Abweichungen. Da sich das kapazitive System (Kurve 3) aus Gründen des Aufwandes und der Feuchtigkeitsabhängigkeit als Meßwertgeber für ein Regulierstreckwerk für Einzelbandvergleichmäßigung nach unserer Meinung weniger gut eignet, wurde für die nächsten Entwicklungsschritte das fotoelektrische Verfahren (Kurve 1) eingesetzt.

Mit Hilfe dieses Verfahrens läßt sich ein Regelkreis aufbauen. Gegenwärtig sind weitere Arbeiten im Gange, die klären sollen, welches Stellglied sich für die genannte Aufgabenstellung am besten eignet.

Meinen Mitarbeitern, Herrn Dipl.-Ing. *P. Offermann* und Herrn Dipl.-Ing. *P. Sonntag* danke ich auch an dieser Stelle für den Aufbau des Versuchsstandes und für die Durchführung der umfangreichen Versuchsreihen.

Literatur

[1] *König, O.*, Einige Betrachtungen zum Problem des Faserverzuges. Textil-Praxis **10** (1955) S. 543—546.

[2] *Tobisch, F.*, Über die vergleichmäßigende Wirkung der Dublierung. Melliand Textilber. **19** (1938) S. 549—554.

[3] *Wegener, W.*, und *Bechlenberg, H.*, Die Entwicklung der Faserband-Vergleichmäßigungsverfahren und -einrichtungen. Spinner, Weber u. Textilveredl. **79** (1961) S. 308—322.

[4] *Perner, H.*, Verkürzung des Baumwoll-Spinnprozesses durch Verzugssteuerung. Dt. Textiltechnik **8** (1958) S. 480—482.

[5] *Perner, H.*, *Schauer, G.*, und *Pilz, S.*, Streckwerk mit Verzugssteuerung (Regelstreckwerk) für die Baumwollspinnerei. Dt. Textiltechnik **9** (1959) S. 349—353.

[6] *Perner, H.*, DWP 26281. Verfahren zur Vergleichmäßigung von Faserbändern. Erteilt am 18. 1. 1961.

[7] *Kovner, S. S.*, Zur Theorie der automatischen Regelung des Streckprozesses. Rostexisdat 1962.

Eingegangen am 9. Juni 1964

Faserforschung und Textiltechnik 15 (1964) Heft 9

Zum Knittererholungsverhalten von textilen Flächengebilden und zur Auswertung der Prüfergebnisse[1)]

I. Versuchsergebnisse

Ludwig Vollrath

Deutsche Akademie der Wissenschaften zu Berlin, Institut für Technologie der Fasern in Dresden

Herrn Professor Dr.-Ing. Walter Frenzel zur Vollendung des 80. Lebensjahres gewidmet

DK 539.387.2:677.61

An Hand von Untersuchungen an einer Vielzahl von textilen Flächengebilden wird nachgewiesen, daß die Knitter erholungskurven $\alpha = f(\lg t)$ eine konkav-konvexe Grundform aufweisen. Einer ähnlichen Gesetzmäßigkeit gehorcht der Deformationsvorgang bei variierter Belastung. Der Einfluß der Belastungszeit, des Prüfklimas und der Schwerkraft des freien Probenschenkels auf den Erholungsverlauf werden untersucht.

К поведению текстильных плоских образований при восстановлении после сминания и к обработке полученных данных. I. Результаты опытов

Исходя из исследований большого числа текстильных плоских образований показано, что кривые восстановления после сминания $\alpha = f(\lg t)$ имеют, в основном, S-образную форму. Подобной закономерности подчиняется и процесс деформации при переменной нагрузке. В статье приведены данные, полученные при изучении влияния времени нагрузки, климатических условий при испытании и силы тяжести свободного конца образца на процесс восстановления.

On the Wrinkle Recovery Behaviour of Textile Fabrics and Evaluation of Testing Data. I. Experimental Data

It is proved by investigations of numerous textile fabrics that the wrinkle recovery curves $\alpha = f(\lg t)$ show principally a concave-convex shape. The process of deformation under varying load obeys a similiar relation. The effects of loading time, testing atmosphere and gravitational force acting on the free end of the sample upon the recovery process are investigated.

1 *Einleitung*

Das Knittererholungsvermögen ist bekanntlich ein wesentliches Kriterium bei der Beurteilung des Gebrauchswertes und der Repräsentationsgüte textiler Flächengebilde. Die Diskussion um die Prüfung der Knittererholung, speziell um die Auswertung der Prüfergebnisse, ist in letzter Zeit durch eine Reihe von Veröffentlichungen [1 bis 4] wieder aktuell geworden.

Nach der Prüfmethodik gemäß DIN 53890 werden die Knittererholungswinkel der Probenstreifen, die zuvor 1 h mit 1 kp belastet wurden, nach 5 und 60 min Erholungszeit gemessen. Neben diesen Meßwerten, die über das *langzeitige* Erholungsverhalten informieren, interessieren vielfach auch Angaben über das *kurzzeitige* Erholungsverhalten unmittelbar nach der Entlastung.

Zu diesem Zweck wird nach *Sommer* [5] ein *Aufspringwinkel* α_0 als Maß für den Erholungszustand bei einer Erholungszeit von $^1/_{100}$ min berechnet. Hierbei wird unter der Voraussetzung, daß der zeitabhängige Erholungsvorgang in der Darstellung $\lg \alpha = f(\lg t)$ linear verläuft, von α_{60} über α_5 hinaus bis nach α_0 linear extrapoliert. Die extrapolierte Strecke ist dabei 2,5mal so lang wie die durch die Verbindung der beiden Meßpunkte gewonnene Strecke (Bild 1). Da die Meßwerte α_5 und α_{60} streuungsbehaftet sind, ist bei derart weitgehender Extrapolation für die Rechengröße α_0 eine relativ große Unsicherheit zu erwarten, was theoretisch durch die Veröffentlichung von *Martin* [2] bestätigt und auch praktisch bei der Auswertung von Meßergebnissen bewiesen wurde [3]. Es hatte sich dabei für den Zahlenwert von α_0 eine etwa dreimal so große Unsicherheit gegenüber α_5 und α_{60} ergeben, wenn man die Vertrauensbereiche p vergleicht.

Weiterhin wird zur Charakterisierung der Güte des Knittererholungseffektes eine *Gütezahl K* berechnet, die α_0 und α_{60}, also das kurzzeitige und auch das langzeitige Erholungsverhalten berücksichtigt. Entspechend der Formel $K = \frac{\alpha_0 \cdot \alpha_{60}}{180^2}$ kann man K am anschaulichsten als Rechteck, wie in Bild 2 geschehen, darstellen, das für $\alpha_0 = \alpha_{60} = 180°$ die maximale Größe $K = \frac{\alpha_0^2}{180^2} = 1$ annimmt. Gleiche Flächengrößen bzw. gleiche K-Werte sind natürlich durch beliebige Kombinationen von α_0 und α_{60} erreichbar, wie dies für die in Bild 2 eingezeichneten drei möglichen Wertepaare gilt, bei denen $K_1 = K_2 = K_3$ ist. Der K-Wert sagt also nichts mehr über das kurzzeitige und das langzeitige Erholungsverhalten aus. Die gütemäßige Gleichsetzung von verschiedenartigen Geweben mit unterschiedlichem Erholungsverlauf, aber gleichem K-Wert, dürfte daher für praktische Belange nicht immer befriedigend ausfallen.

Nach *Martin* [2] kann man die Gütezahl K auch als $K = \frac{\alpha_*^2}{180^2}$ definieren, wobei α_* der geometrische Mittel-

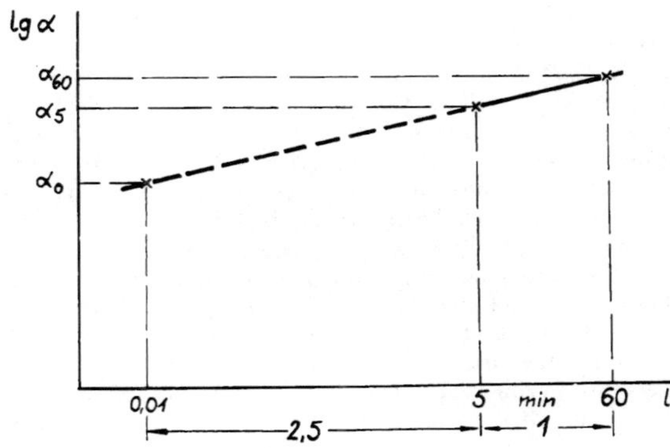

Bild 1. Zur Berechnung des Aufspringwinkels α_0 nach *Sommer* [5]

1) Überarbeitete und erweiterte Fassung eines Referates anläßlich der Gesamt-Textiltechnischen Tagung 1963 in Leipzig.

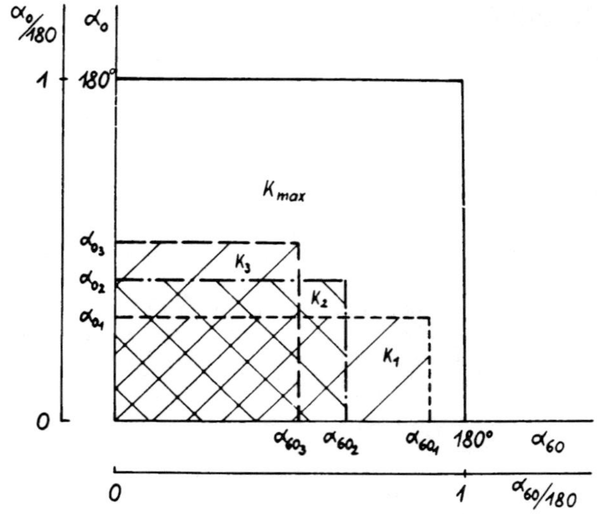

Bild 2. Flächenmäßige Darstellung der Gütezahl K

wert von α_0 und α_{60} ist, der als Winkel bei einer Erholungszeit $t = 46{,}5$ s $= 0{,}775$ min, dem geometrischen Mittelwert zwischen $^1/_{100}$ und 60 min, zu messen wäre. Der K-Wert entspricht also der Aussage einer Einpunkt-Messung.

Da in die Gütezahl K die vorerwähnten Unsicherheiten des Rechenwertes α_0 mit eingehen, ist die Aussage von K ebenfalls ziemlich unsicher. In [3] war darauf hingewiesen worden, daß beim Vergleich verschieden ausgerüsteter Gewebe Tendenzen, die durch die Meßwerte α_5 und α_{60} relativ klar aufgezeigt werden, bei Verwendung der α_0- und K-Werte teilweise ganz unsicher werden.

Eine weitere sehr wesentliche Tatsache war in [3] hervorgehoben worden, daß nämlich bei Untersuchungen an zahlreichen Polyamid- und Polyester-Gewebeproben, bei denen der Erholungsverlauf zwischen 3 s und 180 min Erholungszeit verfolgt wurde, der *lineare* Zusammenhang zwischen $\lg \alpha$ und $\lg t$ keine Bestätigung fand. Vielmehr ergab sich stets ein konvexer Kurvenverlauf (Bild 3). Dadurch entstehen bei der üblichen linearen Extrapolation von α_{60} über α_5 nach α_0 teilweise sehr erhebliche Abweichungen, und zwar um bis zu ca. 60° höhere α_0-Werte gegenüber den α_0-Werten, wie sie der tatsächliche Kurvenverlauf bei $\alpha_{0.05}$ erwarten läßt. Zumindest für die untersuchten Gewebe aus Chemiefasern ist demzufolge die Berechnung von α_0 nach der *Sommer*schen Formel nicht zulässig bzw. führt zu unreellen Zahlenwerten, die das Materialverhalten nicht charakterisieren können. Die Gütezahl K verliert aus diesem Grunde ebenfalls noch mehr an Aussagekraft.

Winkler und *Sommer* versuchten in [4], diesen materialbedingten Gegebenheiten bei der Knittererholung weitgehend Rechnung zu tragen und den zeitlichen Verlauf der Knittererholung mathematisch exakter zu erfassen. Bei Anwendung der Formeln mehrerer Autoren auf die in [3] genannten Meßwerte für den Erholungsverlauf von unfixiertem DEDERON-Gewebe schnitten diese Formeln schlechter ab, als wenn man zur Beschreibung des Erholungsverlaufs eine quadratische Gleichung der Form $y = A_0 + A_1 x + A_2 x^2$ verwendet. Letztere Gleichung lautet unter Berücksichtigung der Meßgrößen bei der Knittererholungsprüfung $\lg \alpha = \lg \alpha_0 + A_1 \cdot \lg 100\,t + A_2 (\lg 100\,t)^2$, mit t in min, und stellt somit die um ein quadratisches Glied erweiterte *Sommer*sche Formel dar. Die Berechnung des Aufspringwinkels α_0 mit dieser erweiterten Formel gibt nach der Methode der kleinsten Quadrate die wahrscheinlichsten Werte, wenn man den Kurvenverlauf bei 3 *s* Erholungszeit als Kriterium hierfür wählt, doch ist der Rechenaufwand sehr erheblich und für die Auswertung von Routineprüfungen nicht zumutbar. Da aber zur Bestimmung der drei Konstanten der Gleichung bereits drei Meßpunkte ausreichen, läßt sich der Rechenaufwand wesentlich verringern. Voraussetzung ist hierbei jedoch einerseits eine günstige Wahl der drei verwendeten Meßpunkte und andererseits vor allem, daß der für DEDERON-Seiden- und GRISUTEN-Seiden-Gewebe gefundene parabolische Zusammenhang für $\lg \alpha = f(\lg t)$ universell für alle textilen Flächengebilde zutrifft.

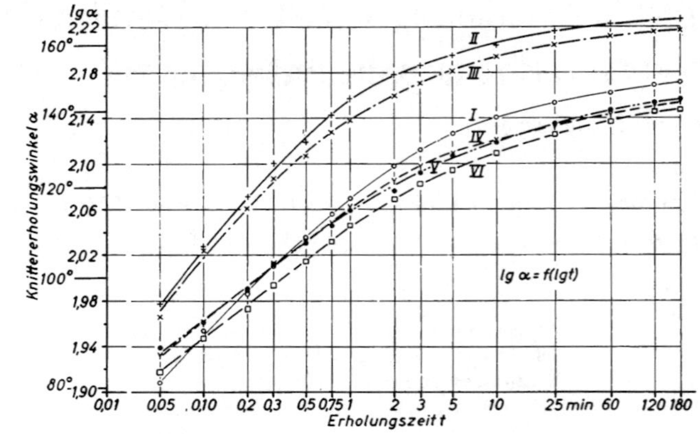

Bild 3. Knittererholungsverlauf $\lg \alpha = f(\lg t)$ von unterschiedlich fixierten DEDERON- (I bis IV) und GRISUTEN-Geweben (V und VI) gemäß [3]

Auf die Notwendigkeit, den Knittererholungsverlauf auch für Gewebe aus anderen Faserstoffen mit Unterschieden in der Faden- und Gewebestruktur sowie in den Ausrüstungsbehandlungen innerhalb eines großen Erholungszeitbereiches zu überprüfen, war bereits in [3] hingewiesen und eine dahingehende Untersuchung angekündigt worden.

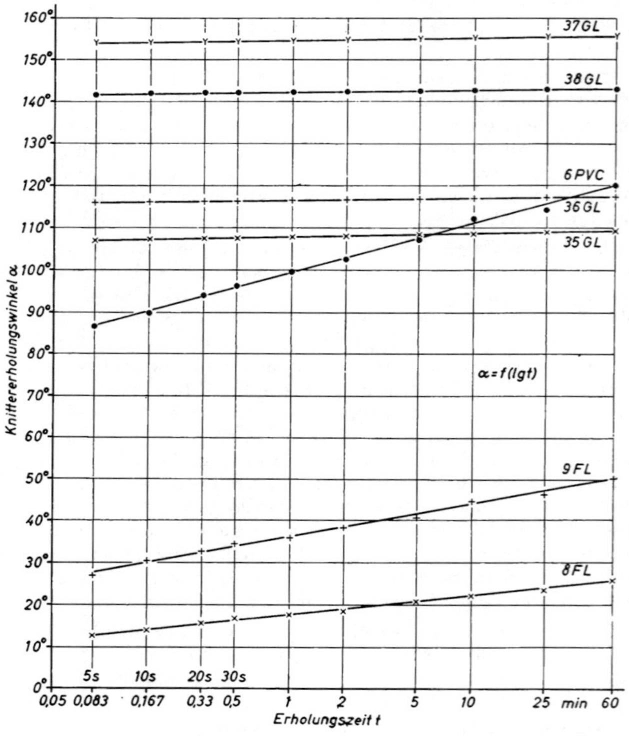

Bild 4. Geradliniger Knittererholungsverlauf $\alpha = f(\lg t)$ bei Geweben aus Flachs, PVC und Glasseide

Tabelle 1. Die für die Knittererholungsprüfung verwendeten textilen Flächengebilde

Laufende Proben-Nr.	Materialart und -zusammensetzung[3])	Bindungsart[4])	Kettfadenzahl/cm	Schußfadenzahl/cm	Masse je Flächeneinheit [g/cm²]	Ausrüstung und Bezeichnungen
1	VIF	K	30	30	202	appretiert und kalandert
2	VIF	K	30	30	171	roh
3	PEF-bt	L	31	22	176	
4	PEF/VIF (40/60)	L	31	22	170	
5	PEF/VIF (60/40)	L	31	22	173	
6	PVCF	L	22	18	244	Filtertuch
7	Ns	L	60	45	91	
8	Fl	L	10	26	742	Planenstoff, roh
9	Fl	K	21	14	358	Drillich, roh
10 (a/b)	Skelan	—	—	—	480	
12 (a/b)	Bw	L	22	26	253	
13 (a/b)	Bw	L	22	13	195	
14	POPF	L	16	16	174	
15 (a/b)	Verbasyn	—	—	—	115	
17	Bw	L	26	22	178	roh
18	Bw	L	26	22	162	appretiert
21	PAF	L	24	15	176	roh
22_{I}	Wo/VIF (70/30)	K	22	18	322	Kammgarn-Anzugstoff mit Finishdekatur
22_{III}	Wo/VIF (70/30)	K	22	18	340	dgl. mit Kesseldekatur
22_{IV}	Wo/VIF (70/30)	K	22	18	340	dgl. mit Kontinuedekatur
23	PEF/Wo (55/45)	L	22	18	160	Kleiderstoff
24	PVYF	L	24	12	162	
25	Wo	P	28	26	350	
26	Wo	L	14	14	280	
27	VIS	Krepp	40	30	128	
28	PEF/Wo (55/45)	L	12	12	323	Streichgarngewebe
29	VIF	L	20	18	270	knitterarm ausger.
30	VIF	K	30	18	372	knitterarm und hydrophob ausger.
31	VIF	K	40	24	352	knitterarm, hydrophob und versteifend ausger.
32	PEF/Fl (70/30)	L	22	13	323	
33	PEF/Fl (50/50)	L	22	13	242	
34	PEF/Fl (38/62)	L	22	13	286	
35	GLS (T 1)	L	16	9	280	unbehandelt
36	GLS (T 1)	L	16	9	272	thermo-entschlichtet
37	GLS (T 1)	L	16	9	280	thermo-entschl. + Finish A
38	GLS (T 1)	L	16	9	265	thermo-entschl. + Finish B
39	VIF	K	24	19	374	Gabardine, unausgerüstet
40	VIF	K	24	19	390	Gabardine, sprungelastisch ausger.
41	PEF	L	22	12,5	193	
42 (a/b)	Skelan	—	—	—	370	
45	PEF/Bw (67/33)	L	45	25	148	
I[5])	PAS	L	54	39	50	unfixiert
II	PAS	L			50	heißluftfixiert 180 °C 240 s
III	PAS	L			50	heißluftfixiert 200 °C 15 s
IV	PAS	L			50	heißluftfixiert 205 °C 15 s
V	PES	L	43	24	155	sattdampffixiert 10 min bei 2 at
VI	PES	L			155	sattdampf- und zusätzlich stark heißluftfixiert

[3]) Kurzzeichen der Chemiefaserstoffe gemäß [10], der Naturfaserstoffe gemäß DIN 60002

[4]) L = Leinwand, K = Köper, P = Panama

a/b = Prüfung in Kett-(Längs-)Richtung und Schuß-(Quer-)Richtung

[5]) Die Proben I bis VI entsprechen den Geweben 1 bis 6 von [3], deren Erholungskurven in Bild 3 nochmals gezeigt werden.

Es stehen nunmehr umfangreiche Untersuchungsergebnisse zur Verfügung, die sich auf verschiedenartige Gewebe sowie einige nichtgewebte Textilien beziehen und nachfolgend wiedergegeben werden sollen.

2 Knittererholungsverlauf bei verschiedenartigen textilen Flächengebilden

Nach den Prüfbedingungen gemäß DIN 53890 (Meßbankverfahren) wurden an den in Tabelle 1 aufgeführten textilen Flächengebilden Knittererholungswinkelmessungen bei 10 verschiedenen Erholungszeiten zwischen 5 s und 60 min durchgeführt[2]). Die Prüfung erfolgte an jeweils $n = 10$ Probenstreifen, die in Kett- (Längs-) Richtung ausgeschnitten wurden, in einzelnen, in Tabelle 1 genannten Fällen, zusätzlich auch in Schuß- (Quer-) Richtung des Flächengebildes. Die belastete Schenkellänge betrug einheitlich 1 cm.

[2]) Die Erholungskurven der in Abschn. 2 diskutierten verschiedenen textilen Flächengebilde wurden zum größeren Teil von Frl. Dipl.-Ing. *G. Herrmann* im Rahmen ihrer Diplomarbeit am Institut für Textiltechnik der TU Dresden ermittelt [6]. Weiterhin war an den gesamten Untersuchungen Frl. *G. Matthias* von unserem Institut wesentlich beteiligt. Beiden Mitarbeitern möchte ich an dieser Stelle für die gewissenhafte Untersuchungsdurchführung herzlich danken. Auch möchte ich allen Institutionen und Fachkollegen, die uns bei der Probenbeschaffung behilflich waren, meinen Dank aussprechen.

Bei der Aufzeichnung der Meßwerte besteht keine zwingende Notwendigkeit für die doppeltlogarithmische Darstellungsform. Vielmehr ist es anschaulicher und erleichtert die Deutung, wenn man die Knittererholungswinkel numerisch über der logarithmisch gerafften Zeitachse aufträgt. Dabei lassen sich einige charakteristische Kurvenformen in dem erfaßten Erholungszeitbereich erkennen, wie dies aus den Bildern 4 bis 10 zu ersehen ist.

Einen *geradlinigen* Kurvenverlauf $\alpha = f(\lg t)$ zeigen die Flachsgewebeproben, das PVC-Gewebe sowie ein Glasseidengewebe in vier verschiedenen Behandlungszuständen (Bild 4).

Als *quasi-geradlinig* kann man den Kurvenverlauf der in Bild 5 dargestellten Gewebe aus Baumwolle, Wolle und Polyester-Wolle bezeichnen. Zwischen 5 s und 10 bzw. 25 min Erholungszeit liegt Linearität vor, wonach ein schwach konvexer Kurventeil folgt.

Einen ausgesprochen *konvexen* Kurvenverlauf weisen die Gewebe aus Polyester, Polyester-Flachs, Polyester-Viskose, Polyester-Wolle und Polyester-Baumwolle, das sprungelastisch ausgerüstete Viskose-Gewebe sowie das Wolle-Viskose-Gewebe mit drei verschiedenen Dekaturen auf (Bilder 6 und 7). Sehr anschaulich informieren die Kurvenzüge über die Auswirkung unterschiedlich hoher Viskose- bzw. Flachsanteile bei den Polyester-Mischgeweben; durch beide Faserkomponenten verschlechtert sich zwar das gute Kurzzeiterholungsvermögen von PE in wachsendem Maße, doch liegen die Werte der Langzeiterholung auf Grund eines steileren Kurvenanstiegs sehr gut im Vergleich zu reinem PE.

Auch bei den *nichtgewebten* Flächengebilden SKELAN und VERBASYN (Bild 8) stellt sich der Erholungsvorgang als *konvexe* Kurve dar. Wie bei vielen Geweben zwischen Kett- und Schußrichtung sind auch hier, besonders bei VERBASYN, stärkere Unterschiede zwischen

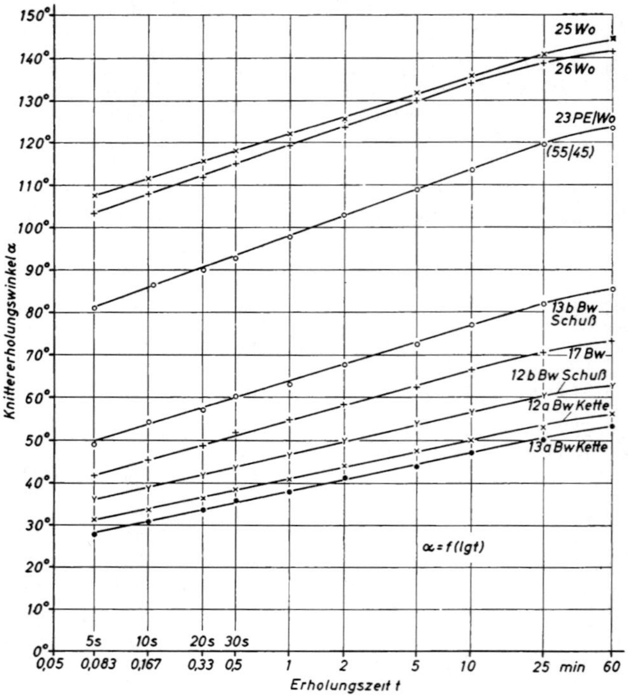

Bild 5. Quasi-geradliniger Knittererholungsverlauf $\alpha = f(\lg t)$ bei Geweben aus Baumwolle, Wolle und Polyester-Wolle

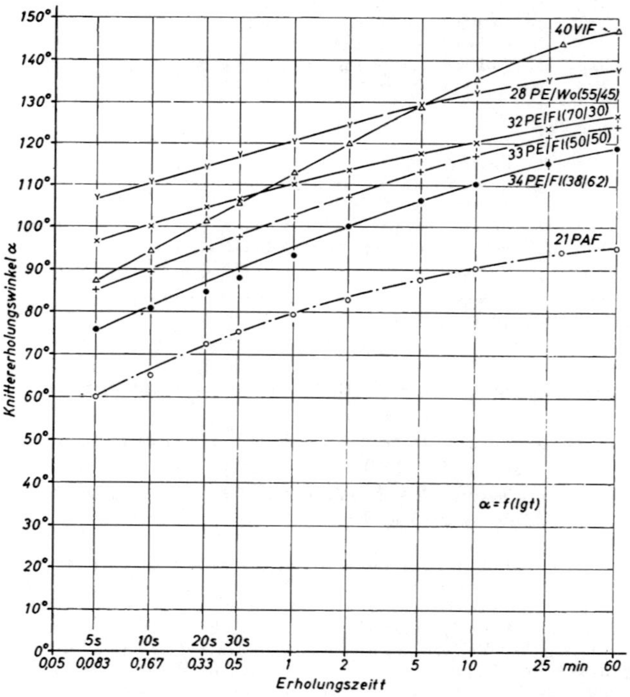

Bild 6. Konvexer Knittererholungsverlauf $\alpha = f(\lg t)$ bei Geweben aus Polyamid, Polyester-Flachs und Polyester-Wolle sowie bei dem sprungelastisch ausgerüsteten Viskose-Gewebe

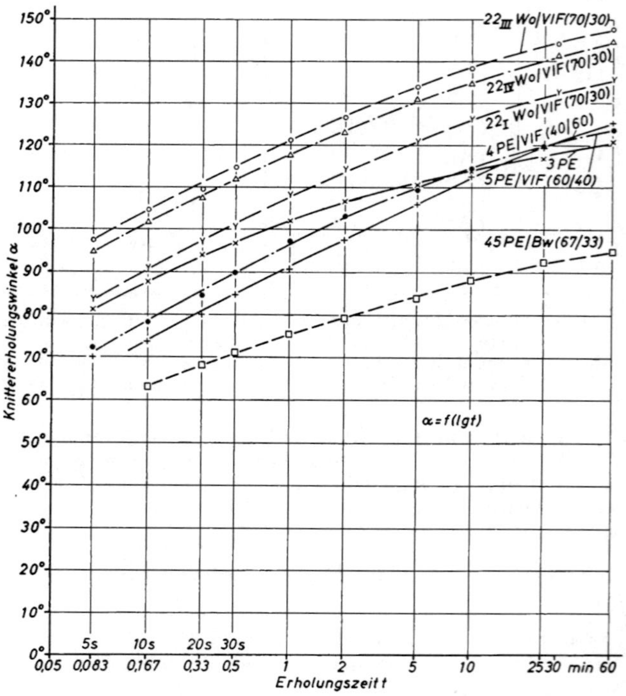

Bild 7. Konvexer Knittererholungsverlauf $\alpha = f(\lg t)$ bei Geweben aus Polyester, Polyester-Viskose, Polyester-Baumwolle und Wolle-Viskose

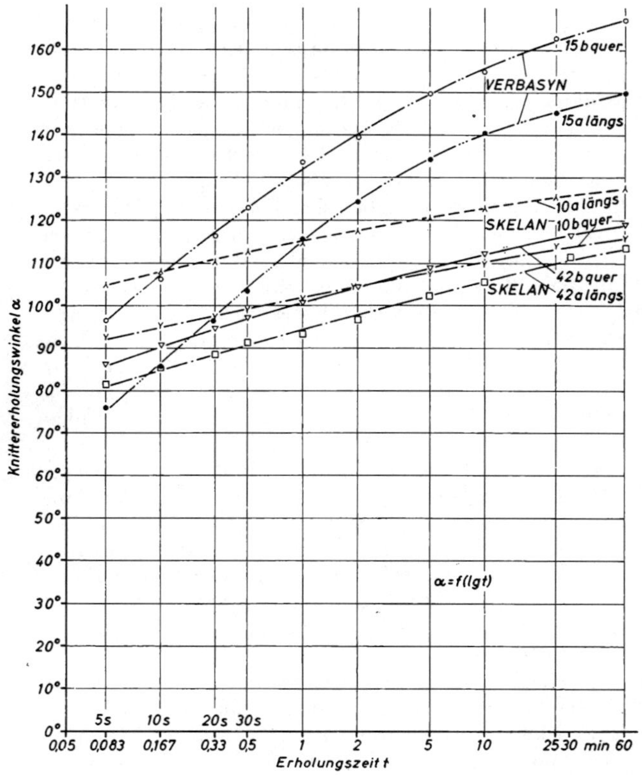

Bild 8. Konvexer Knittererholungsverlauf $\alpha = f(\lg t)$ bei den nichtgewebten textilen Flächengebilden SKELAN und VERBASYN

Längs- und Querrichtung vorhanden. Das kurzzeitige Erholungsverhalten ist für beide Arten von Flächengebilden gut, doch hat VERBASYN die größeren „Erholungsreserven" und erreicht sehr hohe Meßwerte bei langen Erholungszeiten.

Im Gegensatz zu den vorgenannten Kurvenformen steht der *konkave* Erholungsverlauf bei einigen Viskose- und Baumwollgeweben (Bild 9).

Schließlich ist noch eine Reihe von Geweben zu nennen, die einen *konkav-konvexen* Kurvenverlauf aufweisen. In dem erfaßten Erholungszeitbereich ist ein Wendepunkt vorhanden, bei dem sich an einen kon-

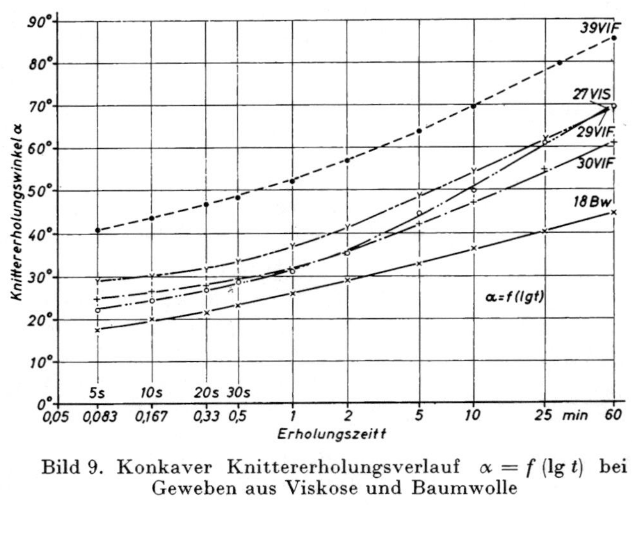

Bild 9. Konkaver Knittererholungsverlauf $\alpha = f(\lg t)$ bei Geweben aus Viskose und Baumwolle

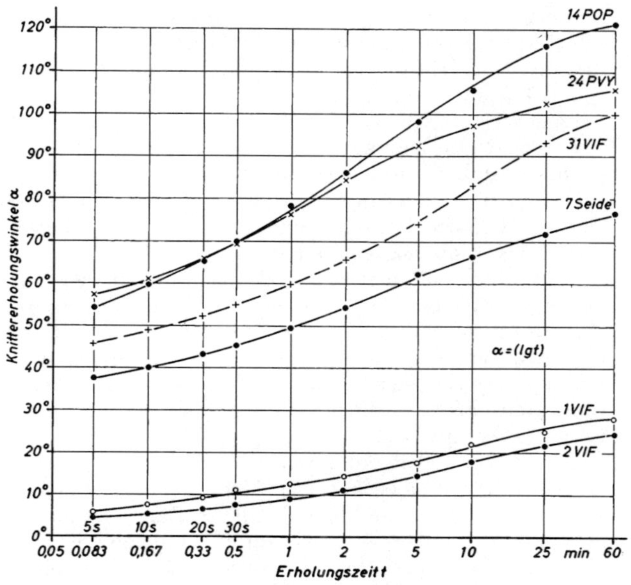

Bild 10. Konkav-konvexer Knittererholungsverlauf $\alpha = f(\lg t)$ bei Geweben aus Viskose, Naturseide, Polyacrylnitril und Polypropylen

kaven Anfangsverlauf ein konvexer Kurventeil anschließt. Hierzu gehören die Viskose-, Naturseiden-, Polyacrylnitril- und Polypropylengewebe in Bild 10.

Auf eine eingehendere Diskussion des jeweiligen Materialverhaltens soll verzichtet werden, da es hier nicht um einen Vergleich der Gebrauchseigenschaften verschiedenartiger Flächengebilde geht, sondern die prüftechnische Seite im Blickpunkt stehen soll.

Aus dem eben Dargelegten ist abzuleiten, daß die *konkav-konvexe* Kurvenform von $\alpha = f(\lg t)$ als die *Grundform des Knittererholungsverlaufs* von textilen Flächengebilden anzusprechen ist. Materialbedingt sowie durch den Faden- und Gewebeaufbau und das Ausrüstungsverfahren beeinflußt, sind diese Erholungskurven von Gewebe zu Gewebe unterschiedlich stark gestreckt. Bei Vorgabe eines gleichgroßen Erholungszeitbereichs — hier 5 s bis 60 min — werden aus den

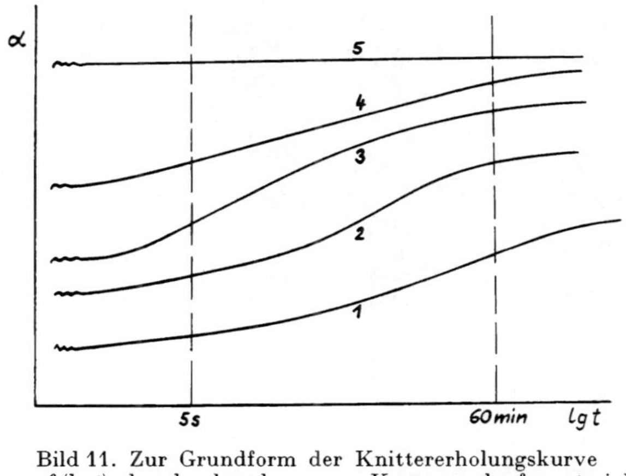

Bild 11. Zur Grundform der Knittererholungskurve $\alpha = f(\lg t)$, dem konkav-konvexen Kurvenverlauf; material- und ausrüstungsbedingt werden bei Vorgabe eines konstanten Erholungsbereiches von 5 s bis 60 min 1. konkave, 2. konkav-konvexe, 3. konvexe, 4. quasi-geradlinige oder 5. geradlinige Teilbereiche der Erholungskurven gefunden.

jeweiligen Erholungskurven Kurvenabschnitte unterschiedlicher Krümmungstendenzen herausgegriffen, wie dies in Bild 11 in einer Prinzipskizze dargestellt ist. Zur Erklärung dieser „S-förmigen" Grundform des Erholungsverlaufs sollen einige Bemerkungen folgen:

Der Knittererholungsvorgang bei textilen Flächengebilden ist bekanntlich ein sehr komplexer Vorgang, weil hierbei die verschiedenen Faser-, Faden- und Gewebeeigenschaften zusammenwirken. Er ist daher schwer bis in die letzten Details analysierbar.

Vom *Faserstoff* her sind als Einflußfaktoren zu nennen: Fasersteifigkeit, biegeelastisches und quetschelastisches Verhalten, Faserfeinheit; ferner die Gleiteigenschaften, die vom Reibungskoeffizienten des Faserstoffs, von der Querschnittsform, Oberflächenrauhigkeit bzw. -struktur, Kräuselung und Präparierung abhängen.

Der *Faden* selbst ist durch seine Feinheit und die Gleichmäßigkeit derselben, die Höhe der Drehung im Faden und Zwirn und die damit in Zusammenhang stehende Voluminosität sowie durch besondere Formeffekte (Effektgarne) an dem Ausmaß der reversiblen und irreversiblen Deformierbarkeit beteiligt.

Hinsichtlich des *Gewebeaufbaus* sind vor allem die Fadenzahl pro Längeneinheit, die Bindungsart, die Gewebedicke und oberflächliche bzw. innere Verfestigungen durch Verfilzung, Schrumpfung, Imprägnierungen, thermische und chemische Veredlungsbehandlungen von ausschlaggebender Bedeutung.

Das zeitliche und größenmäßige Zusammenspiel aller dieser Faktoren wird bei der Entlastung nach den erlittenen Verformungen von Geweben, Fäden und Fasern den Verlauf der Knittererholungskurve bestimmen. Das Zustandekommen der S-förmigen Erholungskurven kann man sich nun wie folgt vorstellen:

Nachdem die durch Belastungsgröße (1 kp), Belastungszeit (60 min) und belastete Probenschenkelgröße (2 cm²) vorgegebene Belastungsintensität bei den verschiedenartigen Flächengebilden ein spezifisches Maß an Deformation verursachen konnte, wird unmittelbar bei der Entlastung der *momentane elastische* Erholungsanteil (Aufspringelastizität) frei. Für dessen Größe ist die Biegeelastizität des Gewebes, hierbei einmal als homogenes Flächengebilde betrachtet, verantwortlich. Nach dem Abklingen der gedämpften Schwingung des Aufspringvorgangs erfolgt die *verzögerte elastische* Erholung, die mit einem *konkaven* Kurvenabschnitt beginnt. In diesem Stadium der Erholung wird ein größerer Teil der elastischen Reserven des Flächengebildes zunächst für die Rückbildung der Deformationnen der abgeplatteten und in der Lage verschobenen Fäden und Fasern gebunden. Hierbei spielen neben den elastischen Fasereigenschaften besonders die Reibungsverhältnisse zwischen den Fasern und Fäden eine Rolle. Nach dieser Verzögerung durch die „*innere Reorganisation*" können sich alle elastischen Reserven auf die Aufbiegung des Flächengebildes konzentrieren. Die Erholungskurve verläuft steiler, bis sich nach dem Überschreiten des *Wendepunktes* allmählich ein Nachlassen des Erholungsvermögens in einem *konvexen* Kurvenverlauf abzeichnet. Dieses leitet zu dem *Beharrungszustand* über, bei dem *Gleichgewicht* zwischen *elastischen* und *Reibungskräften* vorliegt.

Bei den Materialien, für die geradlinige oder konvexe Erholungskurven gefunden wurden, ist der konkave Anfangsverlauf vermutlich nur in einem sehr kurzen Zeitbereich ($t < 3$ s) unmittelbar nach dem Aufspringen zu finden, während er bei anderen Materialien den gesamten Meßbereich bis 60 min beherrscht, so daß der Beharrungszustand hier erst nach sehr langer Zeit zu erwarten ist.

Glasfaserstoffe nehmen, wie auch bei anderen textilphysikalischen Prüfungen, auf Grund der hohen und fast ausschließlich momentan-elastischen Erholung, also einer nur minimalen elastischen Nachwirkung, eine Sonderstellung gegenüber den übrigen Faserstoffen ein. Der praktisch horizontale Kurvenverlauf macht bei derartigen Flächengebilden die Messung von lediglich einem Erholungswinkel nötig.

3 *Einfluß variierter Belastungszeit auf die Knittererholung*

Unter Beibehaltung der Belastungsgröße von 1 kp, die sich bei der Knitterwinkelprüfung international eingebürgert hat (DIN, *Quehl*, Monsanto), sowie der Probenschenkelgrößen von DIN sollte die Belastungsintensität durch Variierung der Belastungsdauer verändert werden, um dadurch die Beeinflussung des Knittererholungsvorganges durch unterschiedlich starke Gewebedeformation kennenzulernen. Für diese Prüfungen wurden drei Gewebe ausgewählt, die sich unter normalen DIN-Prüfbedingungen in der Form der Knittererholungskurven unterschieden hatten:

Gewebe 28 (PE/Wo) mit konvexem,
Gewebe 14 (POP) mit konkav-konvexem und
Gewebe 29 (VIF) mit konkavem Kurvenverlauf.

Als Belastungszeiten wurden 2, 5, 15, 30, 60 und 120 min angewendet und die Erholungsverläufe zwischen 3 s und 120 min, z. T. bis zu erheblich längeren Erholungszeiten von mehreren Tagen, bestimmt. In den Bildern 12, 13 und 14 sind die Unter-

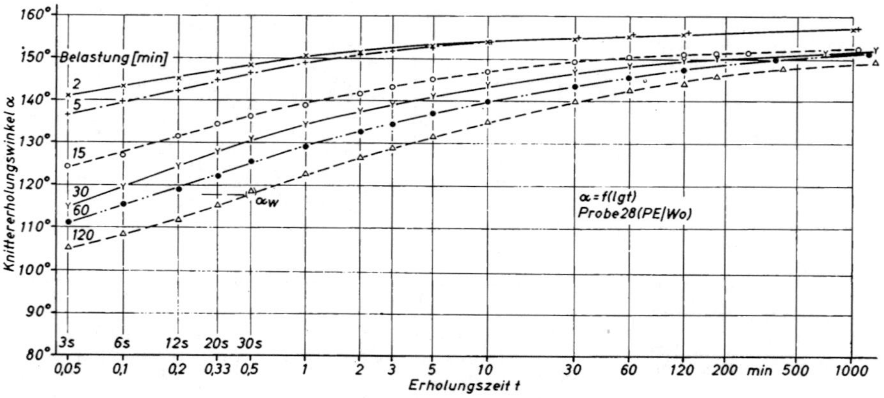

Bild 12. Knittererholungsverlauf $\alpha = f(\lg t)$ nach variierter Belastungszeit bei Polyester/Wolle-Gewebe (Probe 28)

suchungsergebnisse zusammengestellt.

Bei dem *Gewebe 28* (Bild 12) mit seinen sehr guten knitterelastischen Eigenschaften wirkt sich eine Erhöhung der Belastungszeit meßwertverringernd bevorzugt auf die Kurzzeiterholung aus. Mit Verlängerung der Erholungszeit rücken die Meßwerte einander näher und sind bei 1000 min Erholungszeit nur noch wenig unterschiedlich.

Die verlängerte Belastungszeit bewirkt also zwar eine Zunahme der Strukturstörung bzw. -deformation im Flächengebilde, doch handelt es sich dabei fast ausschließlich um elastische Verformungen, die sich nach entsprechend langen Erholungszeiten praktisch ganz rückbilden und zu gleich hohen Meßwerten ($\alpha = 150$ bis 155°) für den Endzustand führen. Zum Erreichen dieses Endzustandes benötigen intensiver verformte Gewebeproben längere Erholungszeiten.

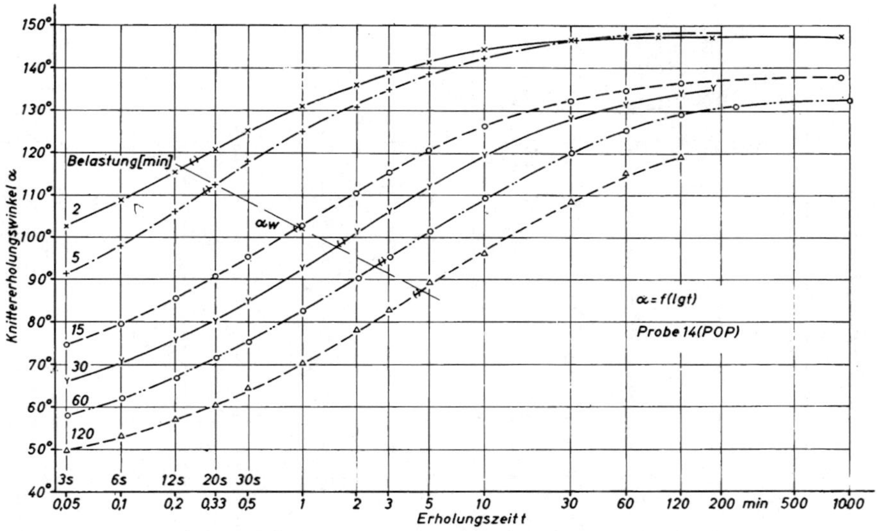

Bild 13. Knittererholungsverlauf $\alpha = f(\lg t)$ nach variierter Belastungszeit bei Polypropylen-Gewebe (Probe 14); ( ) = Wendepunkt α_W der Kurven

Stärkere Unterschiede zeigen die Erholungskurven des *Gewebes 14* (Bild 13) nach variierter Belastungszeit, und zwar nicht nur hinsichtlich der Kurzzeiterholung, sondern auch bei längeren Erholungszeiten, bei denen die Meßwerte des Endzustandes der Erholung nicht so nahe beieinander liegen wie bei Gewebe 28. Es wachsen hier also auch die bleibenden Deformationen mit an. Der konkav-konvexe Verlauf der Erholungskurve ist nach allen sechs Belastungszeiten zu finden. Doch verschiebt sich der Wendepunkt α_W der Kurven bei Verringerung der Belastungszeit nach kürzeren Erholungszeiten hin (wie in Bild 13 markiert), so daß der konvexe Kurvencharakter dann überwiegt.

Am aufschlußreichsten sind die Untersuchungsergebnisse bei dem *Gewebe 29* (Bild 14). Zunächst zeigt sich bei der Belastungszeit 60 min, daß die Erholungskurve nicht konkav ist, wie sie erscheint, wenn man die Erholungsmessung nach 60 min abbricht (vgl. Bild 9), sondern sich in ihrer Gesamtform als *konkav-konvex* darstellt. Diese Kurvenform ist auch bei den übrigen Belastungszeiten vorhanden, wobei sich für die Lage des Wendepunktes α_W ein entsprechender Zusammen-

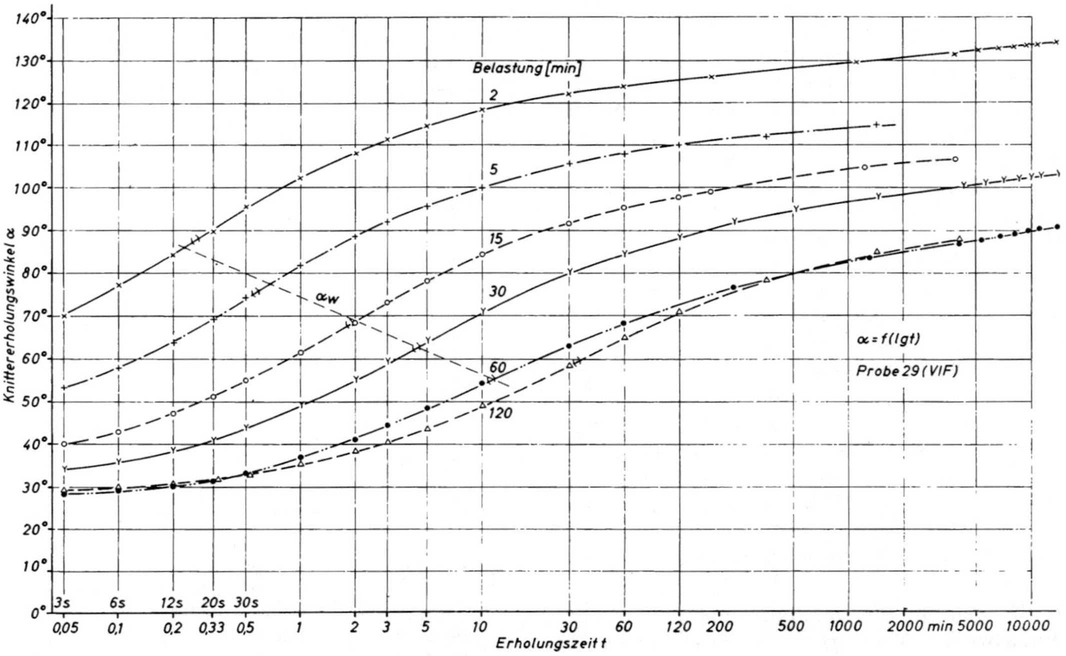

Bild 14. Knittererholungsverlauf $\alpha = f(\lg t)$ nach variierter Belastungszeit bei Viskose-Gewebe (Probe 29); ( ) = Wendepunkt α_W der Kurven

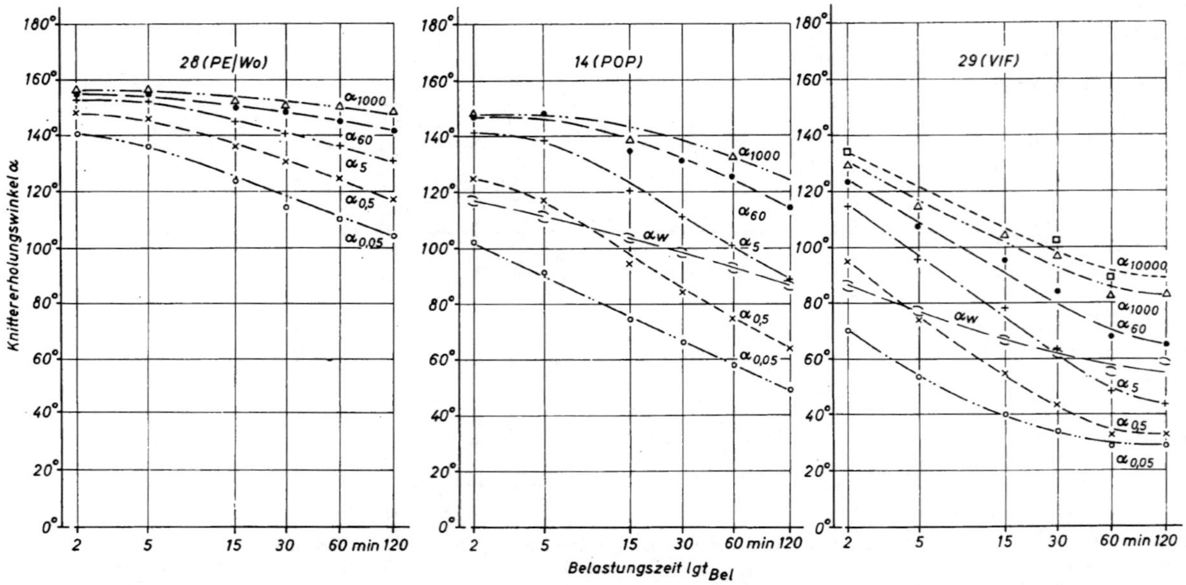

Bild 15. Die Knittererholung der drei Gewebe von Bild 12 bis 14 in Abhängigkeit von der Belastungszeit t_{Bel}

hang zwischen Belastungs- und Erholungszeit wie bei Gewebe 14 ergibt. Dieser Befund ist ein Beweis für die Aussage, daß der *konkav-konvexe* Verlauf die *Grundform* der *Knittererholungskurven* textiler Flächengebilde ist. Die Variierung der Belastungszeit wirkt sich sowohl auf die Kurzzeit- als auch auf die Langzeiterholung sehr nachhaltig aus. Die bleibenden Deformationen wachsen stark bei Erhöhung der Belastungszeit. Die starke Deformationsempfindlichkeit dieses Gewebes zeigt sich auch in dem eigenartigen Verlauf der Erholungskurve nach 120 min Belastung, die sich im unteren und oberen Kurventeil an die Erholungskurve nach 60 min Belastung anschmiegt und nur im mittleren Kurvenbereich niedrigere Meßwerte aufweist. Aus der weitgehenden Übereinstimmung beider Erholungskurven geht hervor, daß bereits nach 60 min Belastungszeit die elastischen Entknitterungsreserven dieses Gewebes voll ausgelastet bzw. erschöpft sind. Zusammen mit sehr kleinen effektiven Aufspringwinkeln $\alpha_a < 30°$ sind in den ersten 30 s des Erholungsverlaufs nur geringfügige Veränderungen der Kurven-Meßpunkte festzustellen. Die Deformationen der Fäden und Fasern sind also so schwerwiegend, daß über einen relativ langen Erholungszeitraum zunächst nur „innere Reorganisationsarbeit" geschieht, die sich nach außen hin nicht meßbar auswirkt. Sehr zögernd setzt der makroskopisch in Erscheinung tretende Entknitterungsvorgang ein, der auch nach 10000 min (= 7 Tagen) Erholungszeit bei α-Werten von wenig mehr als 90° noch nicht restlos abgeschlossen ist. Wird die Belastungszeit über 60 min hinaus ausgedehnt, so verlängert sich im wesentlichen nur der flache Anfangsverlauf der Erholungskurve, d. h. der Entknitterungsablauf wird infolge stärkerer innerer Verformungen noch mehr verzögert.

Im Bild 15 sind für die drei untersuchten Gewebe die Erholungswinkel nach gleichen Erholungszeiten ($\alpha_{0,05}$, $\alpha_{0,5}$, α_5, α_{60}, α_{1000} und α_{10000}) über dem Logarithmus der Belastungszeit t_{Bel} aufgetragen. Diese Darstellung gibt somit eine Zuordnung von Erholungsvermögen zu Belastungsintensität bzw. Deformationsvermögen. Beim Vergleich der Kurven von Probe 14 und Probe 28 zeigt sich eine ähnliche Kurvententendenz, nämlich eine zunächst nur geringe Änderung der Meßwerte zwischen 2 und 5 min Belastungszeit und danach ein stetiger Abfall. Bei Probe 29 ist die Kurvententendenz andersartig, insofern als auf ein stetiges Absinken der Meßwerte bereits bei kurzen Belastungszeiten eine angenäherte Konstanz der Meßwerte bei Belastungszeiten von 60 und 120 min folgt.

Man kann aus diesem Befund wieder eine Verallgemeinerung ableiten: Bei Variierung der Belastungszeit liegen die Knittererholungswinkel für gleiche Erholungszeiten in der Darstellung $\alpha = f(\lg t_{Bel})$ auf *konvex-konkaven* Kurven, also Kurven, deren Krümmungstendenz umgekehrt zu derjenigen der Erholungskurven verläuft. In Bild 16 sind diese Kurvenverläufe

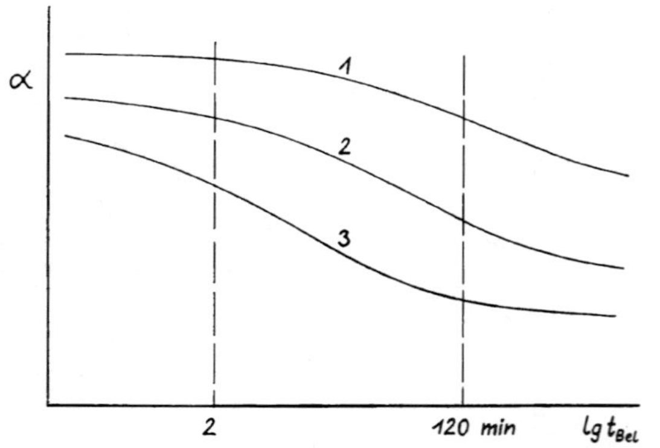

Bild 16. Prinzipmäßiger Kurvenverlauf für die Knittererholungswinkel bei gleichen Erholungszeiten in Abhängigkeit von der Belastungszeit für

1. Gewebe vom Typ der Probe 28 (stark elastisch),
2. Gewebe vom Typ der Probe 14 (befriedigend elastisch),
3. Gewebe vom Typ der Probe 29 (stark deformationsempfindlich; plastisch)

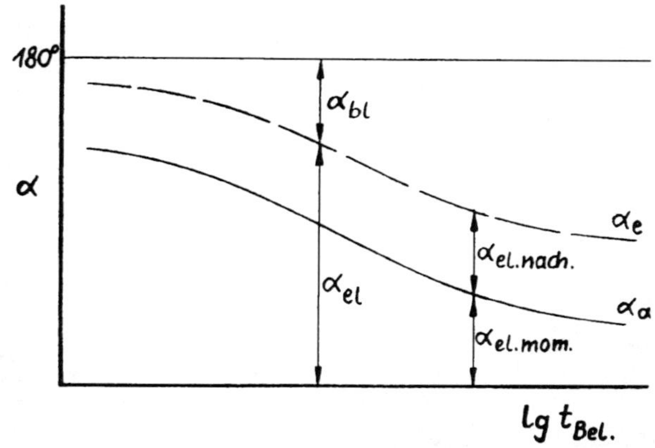

17a: Die momentane elastische Erholung $\alpha_{el.\,mom}$ (dargestellt durch den Verlauf des effektiven Aufspringwinkels $\alpha_a = f\,(\lg t_{Bel}))$ und die gesamte elastische Erholung α_{el} (dargestellt durch den Verlauf des Erholungswinkels im Beharrungszustand $\alpha_e = f\,(\lg t_{Bel}))$

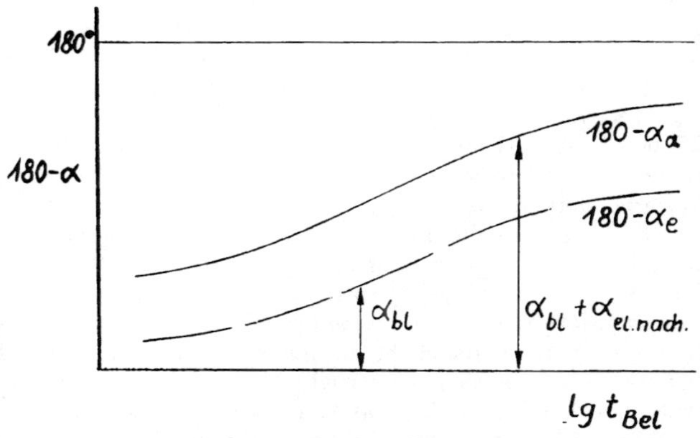

17b: Die konkav-konvexe Grundform des Deformationsverlaufs $(180 - \alpha) = f\,(\lg t_{Bel})$

Bild 17. Zum funktionellen Zusammenhang zwischen den Deformationsgrößen und der verursachenden Belastungsintensität bei der Gewebeknitterung

für die drei Gewebetypen „stark elastisch", „befriedigend elastisch" und „stark plastisch" prinzipmäßig dargestellt. Zwischen 2 und 120 min Belastungszeit konnten vom Gesamtverlauf materialabhängig nur Kurvenabschnitte mit jeweils unterschiedlicher Krümmung erfaßt werden.

Wählt man für den Vergleich die $\alpha_{0,05}$-Werte, die zwar den effektiven Aufspringwinkeln nicht ganz entsprechen, ihnen aber doch schon recht nahe kommen, so kann man die $\alpha_{0,05}$-Kurven als angenähertes Maß für die Größe des momentan-elastischen Erholungsvermögens nach unterschiedlich starker Deformation betrachten. Die α_{1000}-Kurven hingegen zeigen, da die Meßwerte hierfür zumindest bei den Proben 14 und 28 praktisch dem Beharrungszustand der Erholung entsprechen, die gesamte elastische Erholung, also die Summe der momentanen und der verzögerten elastischen Erholungsanteile, an. Die Differenz $(180 - \alpha_{1000})$ stellt dann die bleibende Verformung dar. In der Prinzipskizze Bild 17a sind diese Verhältnisse nochmals graphisch erläutert, wobei mit α_a der effektive Aufspringwinkel, d. h. der nach dem Abklingen der gedämpften Aufspring-Schwingung tatsächlich vorliegende Winkel, und mit α_e der Erholungswinkel im Endzustand der Erholung gemeint ist. Werden die bleibenden Verformungen $(180 - \alpha_e)$ über dem Logarithmus der Belastungszeit aufgetragen (Bild 17b), so erhält man konkav-konvexe Kurven für die Zunahme der plastischen Deformation mit wachsender Belastungsintensität.

Für den Deformations- und Erholungsmechanismus bei der Knitterwinkelprüfung von textilen Flächengebilden kann man nunmehr folgende Aussage über eine allgemeine Gesetzmäßigkeit treffen:

1. Nach konstanter Belastungsintensität verläuft die *Knittererholung* zwischen Aufspring- und Beharrungszustand bei der Darstellung $\alpha = f(\lg t)$ in Form einer *konkav-konvexen Kurve* (= *Grundform der Knittererholungskurve*).
2. Bei variierter Belastungsintensität verlaufen die Kurven für die bei konstanter Erholungszeit vorliegende *Knitterdeformation* (Abweichung der Probenform von der gestreckten Ausgangslage) in der Darstellung $(180 - \alpha) = f\,(\lg t_{Bel})$ zwischen sehr kurzen und sehr langen Belastungszeiten in Form von *konkav-konvexen Kurven* (= *Grundform der Knitterdeformationskurve*).

In Bild 15 sind für die Proben 14 und 29 ferner die Verbindungslinien der Wendepunkte α_W der konkav-konvexen Erholungskurven eingezeichnet. Auch für diese Kurve kann man in der Darstellung $\alpha_W = f(\lg t_{Bel})$ eine konvex-konkave Grundform annehmen. Daß auch bei der Probe 28 die Erholungskurven einen Wendepunkt besitzen, wird durch die Erholungskurve nach der längsten Belastungszeit (120 min) demonstriert (vgl. Bild 12).

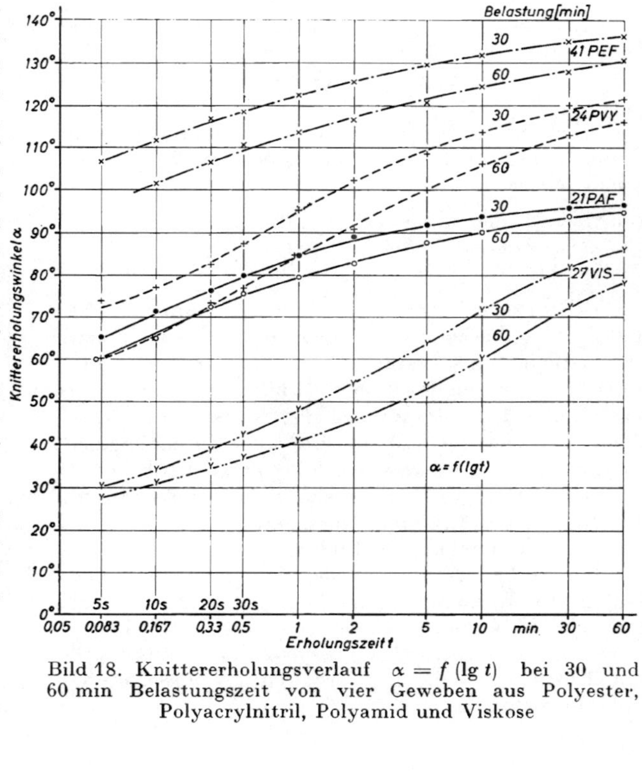

Bild 18. Knittererholungsverlauf $\alpha = f\,(\lg t)$ bei 30 und 60 min Belastungszeit von vier Geweben aus Polyester, Polyacrylnitril, Polyamid und Viskose

Bild 18 zeigt für vier weitere Gewebeproben den Knittererholungsverlauf, wenn die Belastungszeit von 60 auf 30 min reduziert wird. Auch bei diesen Proben werden spezifische Beeinflussungen der Kurz- und Langzeiterholung verursacht. Bei dem Viskose-Gewebe 27 bestätigt das Zusammenrücken der Kurzzeit-Meßwerte beider Kurven die bei Gewebe 29 für Viskose-Material gefundene Tendenz einer relativ raschen Erschöpfung der momentan-elastischen Erholung bereits bei Belastungszeiten von etwa 60 min. Bei dem Polyamid-Gewebe 21 hingegen erkennt man aus dem Zusammenrücken beider Kurven bei 30 bis 60 min Erholungszeit die Annäherung an den Beharrungszustand bei vermutlich gleich großen bleibenden Deformationen. Auch bei den Proben 24 und 41 rücken die beiden zusammengehörigen Kurven mit wachsender Erholungszeit allmählich einander näher.

Daß eine Variierung der Belastungsgröße bei gleicher Belastungsdauer sich vermutlich ähnlich auf die Knittererholung auswirkt wie die variierte Belastungsdauer bei gleicher Belastungsgröße, kann man aus den Zahlenangaben in [7] ersehen, wo bei hochelastischem Material (Wolle) zwischen 0,5 kp und 4 kp Belastung bei $\alpha_{0,25}$ ein geringer, bei α_{60} praktisch kein Unterschied vorliegt, während bei stark deformierbarem Material (Viskose) die höhere Belastung wesentliche Erniedrigungen beider α-Werte verursacht.

4 Einfluß des Prüfklimas auf die Knittererholung

Daß Abweichungen im Prüfklima, besonders bei den natürlichen und Regeneratfaserstoffen mit deren höherer Feuchteaufnahme, zu unterschiedlichen Meßwerten bei der Knittererholungsprüfung führen, geht aus mehreren Veröffentlichungen hervor. Die Angaben dort beschränken sich allerdings meist auf nur wenige Meßwerte für jede Materialart. Daher sollte die Auswirkung variierter Luftfeuchte auf den Verlauf der Knittererholungskurve an drei Geweben mit unterschiedlicher Feuchteaufnahme überprüft werden, und zwar an Gewebe 24 (PVY), Gewebe 45 (PE/Bw) und Gewebe 40 (VIF).

Die Proben wurden jeweils über mehrere Tage in Räumen mit sehr unterschiedlicher relativer Luftfeuchte ausgelegt:

a) „trocken“ bei 45 bis 50% RL (22 °C),
b) „normalfeucht“ bei ~ 65% RL (20 °C),
c) „feucht“ bei 75 bis 80% RL (25 °C).

Die Probengruppen a und b wurden unter Beibehaltung des Auslegeklimas, also im „trockenen“ bzw. „normalfeuchten“ Zustand, die Probengruppe c hingegen im „normalfeuchten“ Prüfklima geprüft. In letzterem Fall war demzufolge ein gewisser Trocknungseffekt während der 120 min Be- und Entlastungszeit nicht ganz vermeidbar, was sich besonders bei Probe 40 in einer etwas größeren Streuung der Meßwerte bei Erholungszeiten $t \geqq 5$ min auswirkte.

Aus der Darstellung in Bild 19 ist zu ersehen, daß bei den Proben 24 und 45 der Feuchteeinfluß unbedeutend ist. Es ist weder eine klare Tendenz erkennbar, noch sind die Unterschiede gesichert. Bei Probe 45 vermag also der stärker feuchteempfindliche Baumwoll-Anteil nicht das Erholungsverhalten des Mischgewebes zu beeinträchtigen.

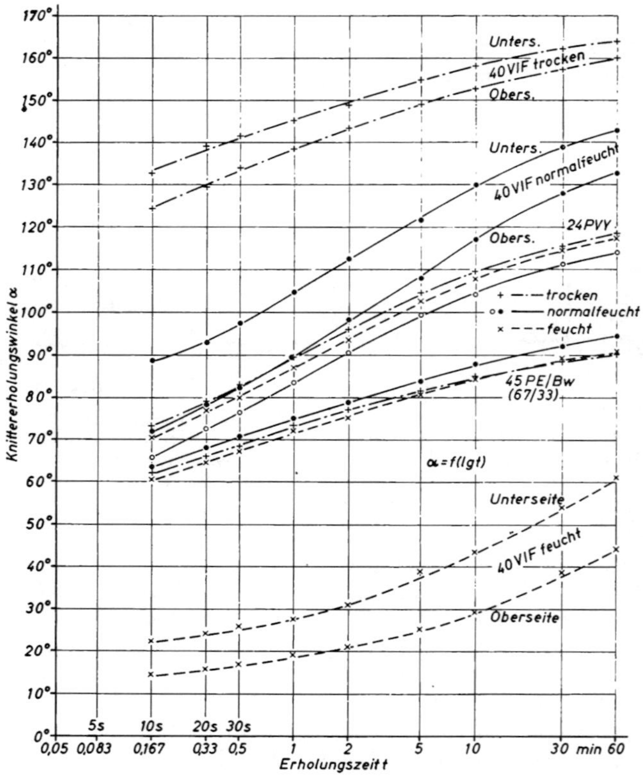

Bild 19. Einfluß unterschiedlicher Probenfeuchte auf den Verlauf der Knittererholung $\alpha = f(\lg t)$ bei drei Geweben aus Polyacrylnitril, Polyester-Baumwolle und Viskose

Sehr beachtliche Unterschiede sind hingegen bei dem sprungelastisch ausgerüsteten Gabardine-Gewebe 40 festzustellen. Das sehr günstige Entknitterungsverhalten im trockenen Zustand wird durch Erhöhung des Feuchtegehaltes stark reduziert, so daß $\alpha_{0,5}$-Werte zwischen 140° bis 15° möglich sind. Daraus geht hervor, daß bereits geringe Unterschiede im Prüfklima verschiedener Prüflabors zu sehr unterschiedlichen Aussagen bei der Beurteilung derartiger Gewebe führen können. Die Abweichungen in den Aussagen können noch dadurch vergrößert werden, daß man das verschiedenartige Verhalten von Ober- und Unterseite des Gewebes unterschätzt und nur eine Gewebeseite prüft. Andererseits ist eine Knitterarm-Ausrüstung, die sich im trockenen Zustand gut bewährt, beim Tragen im feuchten Zustand aber versagt, als nicht voll befriedigend anzusprechen. Für die Beurteilung der Güte derartiger Ausrüstungseffekte genügt demnach die Prüfung bei einem präzis auf Normalbedingungen eingestellten Prüfklima nicht. Es müßte vielmehr parallel hierzu die Überprüfung nach dem Auslegen der Proben in einem extrem feuchten Klima (z. B. bei 80 bis 85% RL) erfolgen.

Bei diesem Gewebe ist ferner mit Verringerung der Probenfeuchte der Wandel der Erholungskurve von *konkav* über *konkav-konvex* nach *konvex* sehr gut zu verfolgen, was eine weitere Bestätigung für die konkav-konvexe Grundform des Knittererholungsverlaufs ist.

Es wird also nicht nur durch die Änderung der *Belastungsintensität*, sondern bei feuchteempfindlichen

Faserstoffen auch durch die Variierung der *Probenfeuchte* eine unterschiedlich starke Streckung bzw. Verlangsamung des Erholungsverlaufs bis zum Erreichen des Beharrungszustandes verursacht.

Aber auch die Knitterarm-*Ausrüstung* selbst kann durch die bewirkte Erhöhung der Meßwerte im erfaßten, gleichen Erholungszeitbereich eine *konkave* in eine *konvexe* Erholungskurve umwandeln. Dies zeigt sich beim Vergleich der Erholungskurven dieses Gabardine-Gewebes vor und nach der Ausrüstung (Proben 39 und 40) unter gleichen Belastungs- und Klimabedingungen bei der Prüfung (vgl. Bilder 9 und 6).

Unabhängig von der Größe des Feuchteeinflusses auf die Meßwerte bei den verschiedenen Faserstoffen ist es selbstverständlich unerläßlich, die Prüfung der Knittererholung bei Normalklima ($65 \pm 2\%$ RL, $20\,^\circ C \pm 2$ grd) durchzuführen, um für den Vergleich eine einheitliche Basis zu haben.

5 *Einfluß der Schwerkraft auf die Knittererholung*

Von verschiedenen Autoren wird immer wieder darauf hingewiesen, daß bei der Knitterwinkelprüfung nach DIN 53890 der Schwerkrafteinfluß des freien Schenkels als Störgröße in die Meßergebnisse eingeht. Die in dieser Richtung von *Quehl* und *Siegel* [8] genannten Untersuchungsergebnisse beim Vergleich der „Kantenmethode" (Verfahren *Quehl*) und „Breitseitenmethode" (DIN-Prüfung) können hierfür als Beweis angesehen werden. Doch sollte dieser Sachverhalt nochmals einer genaueren Überprüfung unterzogen werden, speziell im Hinblick auf den Einfluß der Schwerkraft auf den gesamten Verlauf der Erholungskurven. Für diesen Zweck wurden drei Gewebe mit unterschiedlicher Masse je Flächeneinheit verwendet:

Probe 24 (PVY) mit 162 g/m²,
Probe 29 (VI) mit 270 g/m²,
Probe 28 (PE/Wo) mit 323 g/m².

Von diesen Proben war weiterhin aus den vorhergehenden Versuchen bekannt, daß sich der Erholungsverlauf über unterschiedliche Bereiche der Winkelskala erstreckt, und zwar bei Probe 24 über den 1. und 2. Quadranten, während er sich bei den Proben 29 und 28 im 1. bzw. 2. Quadranten abspielt. Wenn der Schwerkrafteinfluß tatsächlich in die Meßergebnisse eingeht, dann muß dieser Einfluß in den beiden Quadranten unterschiedlich, meßwertsteigernd oder -verringernd, meßbar werden.

Die Prüfung erfolgte derart, daß die Proben nach einer Belastungszeit von 30 min in fünf verschiedenen räumlichen Lagen (vgl. Bild 20), mit denen alle möglichen Kombinationen des Schwerkrafteinflusses in den beiden Quadraten erfaßt wurden, entlastet und die Erholungsverläufe gemessen wurden. Hierbei wurden die Gewebestreifen auf separate Probenträger gebracht, ihre Lage und besonders die der Faltkante durch Ankleben des wie üblich zwischen die Probenschenkel gelegten Seidenpapiers auf den Probenträgern gesichert und hernach belastet. Kleine Magnetplatten über dem gefalteten Probenbereich als gleichmäßige Vorlast sorgten dafür, daß auch nach dem Entfernen der Hauptlast (1 kp) die Faltung der Probe ($\alpha = 0^0$) in jeder beliebigen Lage des Probenträgers erhalten blieb. Nach dem Anschrauben des Probenträgers an die Meßbankschiene in deren, entsprechend der fünf vorgesehenen räumlichen Probenlagen, gestürzten Stellung, begann im Augenblick des Abhebens der Magnetplatte die Messung des Erholungsvorgangs.

Probenlage	Einfluß der Schwerkraft auf den Knittererholungswinkel α	
	im 1. Quadranten $\alpha = 0 - 90^\circ$	im 2. Quadranten $\alpha = 90 - 180^\circ$
A	−	+
B	+	−
C	0	0
D	+	+
E	−	−

Bild 20. Fünf Probenlagen zur Prüfung des Schwerkrafteinflusses auf die Knittererholung; + = meßwertsteigernd, − = meßwertverringernd, 0 = ohne Einfluß

Die fünf Meßreihen eines jeden Gewebes, die sich aus jeweils $n = 6$ bzw. 8 Proben unter Beachtung der gleichen Gewebeseite zusammensetzten, wurden am gleichen Tag geprüft, so daß Klimaunterschiede nur vernachlässigbar gering wirksam werden konnten. Je zwei Proben der Meßreihen D und E verblieben gleichzeitig über Nacht zur langzeitigen Erholung, so daß auch hier unmittelbare Vergleichbarkeit gegeben war.

Hinsichtlich des Schwerkrafteinflusses in den verschiedenen Probenlagen besteht noch ein bemerkenswerter Unterschied, der durch die Vorzeichen „+" und „−" in Bild 20 nicht zum Ausdruck kommt. In den Probenlagen A und B ist der Hebelarm der im Schwerpunkt des freien Schenkels angreifenden Masse proportional „cos α", so daß der Schwerkrafteinfluß bei $\alpha = 90^\circ$ ausgeschaltet ist. In den Probenlagen D und E hingegen entspricht die Hebelarmgröße „sin α"; der Schwerkrafteinfluß ist also während des gesamten Erholungsvorgangs, allerdings mit unterschiedlichem Vorzeichen, wirksam und erreicht sein Maximum bei $\alpha = 90^\circ$.

Wirkt sich der Schwerkrafteinfluß tatsächlich auf die Meßergebnisse aus, so müssen die in Bild 21 dargestellten Erholungskurven folgende Tendenzen zeigen:

Bei Probe 28 (2. Quadrant): $\alpha_A > \alpha_C > \alpha_B$;
bei Probe 29 (1. Quadrant): $\alpha_B > \alpha_C > \alpha_A$;
bei Probe 24 (1. u. 2. Quadrant): zunächst $\alpha_B > \alpha_C > \alpha_A$, nach $\alpha = 90^\circ$ dann allmählicher Übergang zu $\alpha_A > \alpha_C > \alpha_B$.

Diese Forderung ist bei Probe 28 nicht erfüllt, wo das Ergebnis lautet $\alpha_A > \alpha_B > \alpha_C$; doch wird sie von der Probe 29 erfüllt. Bei Probe 24 sind die Verhältnisse wiederum unklar, wo sich der Befund $\alpha_B = \alpha_C > \alpha_A$ ergibt; auch müßte hier der Schwerkrafteinfluß besonders klein sein, weil sich die Meßwerte nur in relativ kleinen Bereichen um $\alpha = 90^\circ$ bewegen. Berücksichtigt man allerdings die Meßwertstreuung, die in Bild 21 für einige Meßpunkte durch die Vertrauensbereiche q bei einer statistischen Sicherheit $S = 95\%$ angegeben ist, so erkennt man, daß die Unterschiede zwischen den Meßreihen A, B und C mehr oder minder zufällig sind. Andererseits ist aber für die Meßreihen D und E die

Forderung $\alpha_D > \alpha_E$ bei den Proben 24 und 28 erfüllt, und man kann dies auch für die Probe 29, bei der die Meßwertstreuung besonders groß ist, aus dem steileren Anstieg der Kurve *D* bei sehr langen Erholungszeiten annehmen.

Der Untersuchungsbefund ist somit keine Bestätigung für die in [8] dargelegten Meßwerttendenzen. Man kann zwar einen gewissen Schwerkrafteinfluß vermuten, doch ist dieser so gering, daß er gegenüber der Meßwertstreuung vernachlässigbar ist, was sich auch mit den Aussagen von *Wegener* ([9] S. 516) deckt.

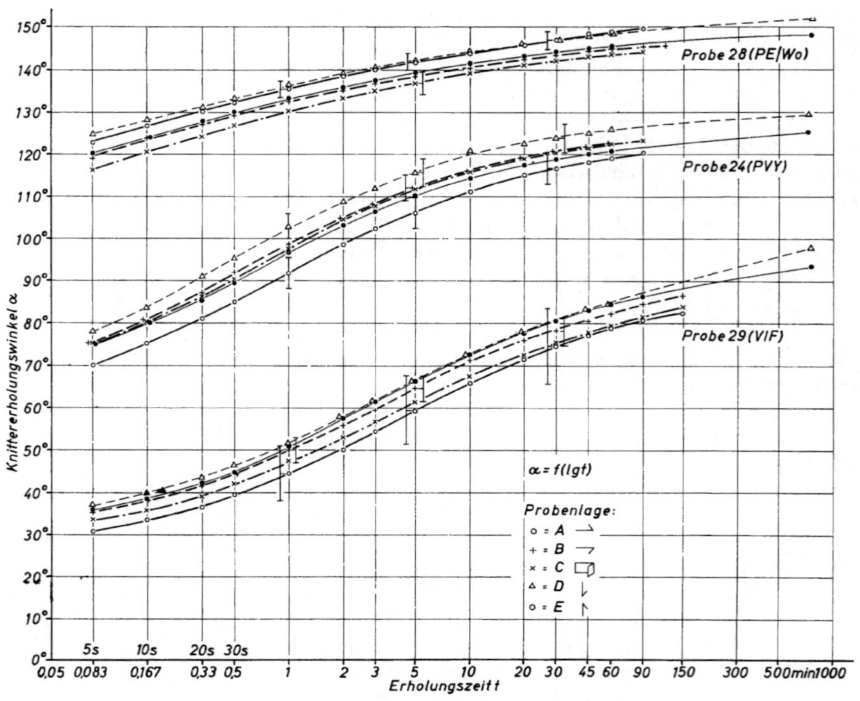

Bild 21. Die Knittererholung von Geweben aus Viskose, Polyacrylnitril und Polyester-Wolle in jeweils fünf verschiedenen Probenlagen

6 Zusammenfassung

Durch umfangreiche Untersuchungen an zahlreichen, hinsichtlich Faserstoff, Faden- und Gewebestruktur sowie Ausrüstung sehr unterschiedlichen textilen Flächengebilden wird nachgewiesen, daß die Knittererholungskurve zwischen Aufspring- und Beharrungszustand in der Darstellung $\alpha = f(\lg t)$ eine konkav-konvexe Grundform aufweist. Beschränkt man sich bei der Messung auf mehr oder minder kurze Erholungszeitbereiche, so erfaßt man dabei materialabhängige Kurvenabschnitte unterschiedlicher Krümmungstendenz. Bei Erniedrigung der Belastungsintensität, speziell der Belastungszeit, verschieben sich die Erholungskurven nach höheren α-Werten und zugleich die Wendepunkte der Kurven nach kürzeren Erholungszeiten hin. Auch die Kurven für die Knitterdeformation, die bei Variierung der Belastungszeit nach gleichen Erholungszeiten gemessen werden, besitzen in der Darstellung $(180 - \alpha) = f(\lg t_{Bel})$ zwischen sehr kurzen und sehr langen Erholungszeiten eine konkav-konvexe Form. Der Feuchteeinfluß kann bei feuchteempfindlichen Faserstoffen die Lage der Erholungskurve wesentlich beeinflussen und ist bei der Beurteilung von Knitterarm-Ausrüstungen sehr zu beachten. Der Einfluß der Schwerkraft des freien Probenschenkels auf die Meßergebnisse ist nicht mit Sicherheit nachweisbar, so daß er gegenüber der Meßwertstreuung als vernachlässigbar klein anzusehen ist.

Literatur

[1] *Winkler, F.*, Zur Frage der Auswertung bei der Bestimmung des Knittererholungswinkels. Faserforsch. u. Textiltechn. **13** (1962) S. 193—194.

[2] *Martin, H.*, Bemerkungen und Gedanken zur Auswertung von Meßergebnissen bei der Bestimmung des Knittererholungswinkels. Faserforsch. u. Textiltechn. **13** (1962) S. 377—379.

[3] *Vollrath, L.*, Ein weiterer Beitrag zur Prüfung und Auswertung des Knittererholungsverhaltens. Faserforsch. u. Textiltechn. **14** (1963) S. 43—45.

[4] *Winkler, F.*, und *Sommer, H.*, Zur Berechnung des Aufspringwinkels bei der Bestimmung des Knittererholungswinkels von textilen Flächengebilden. Faserforsch. u. Textiltechn. **14** (1963) S. 239—249.

[5] *Sommer, H.*, Über die Knittereigenschaften von Geweben, Faserforsch. u. Textiltechn. **2** (1951) S. 467 bis 481

[6] *Herrmann, G.*, Untersuchungen zur Zeitabhängigkeit der Knittererholung. Diplomarbeit am Institut für Textiltechnik der Technischen Universität Dresden, 19. 3. 1963. Unveröffentlicht.

[7] *Čirlič, J. B.*, Theorie und Praxis der Mischungen von Wolle und Chemiefasern. IV. Der Einfluß des Mischungsverhältnisses auf die Knittererholung von Wolle-Zellwolle-Mischgeweben. Faserforsch. u. Textiltechn. **10** (1959) S. 429—437.

[8] *Quehl, K.*, und *Siegel, W.*, Die Messung des Knitterwinkels an Geweben und deren Beeinflussung. Melliand Textilber. **36** (1955) S. 491—494.

[9] Handbuch der Werkstoffprüfung, 2. Auflage, 5. Band, Die Prüfung der Textilien. Berlin: Springer 1960.

[10] TGL 142—5001 Ausg. 8. 63, Chemiefaserstoffe, Kurzzeichen. Mitt. Inst. Textiltechnol. Chemiefasern **7** (1963) S. 349—350.

Eingegangen am 15. April 1964

Dynamische Zugprüfung von Fäden[1]

II. Eine Systematik des Elastizitätsmoduls

Albrecht Bauer und Friedrich Winkler

Deutsche Akademie der Wissenschaften zu Berlin, Institut für Faserstoff-Forschung in Teltow-Seehof

DK 620.178.3:539.32

Nach einer eindeutigen Zuordnung der Kraft- und Längenwerte wird eine Definition des Elastizitätsmoduls gegeben. Bei der Berechnung des Elastizitätsmoduls können als Bezugslängen für die Dehnungs- und Spannungsgrößen die Ausgangslänge, die mittlere Länge oder die augenblickliche Länge verwendet werden. Die Vielzahl der dadurch möglichen Kombinationen wird systematisch geordnet, und es wird nachgewiesen, daß der mit E_{34} bezeichnete Elastizitätsmodul der sinnvollste ist. Schließlich werden die in der Literatur gefundenen Elastizitätsmoduli in die Systematik eingeordnet.

Испытание нитей на растяжение в динамических условиях
II. К систематике модуля эластичности

Приведена однозначная классификация значений усилий и длин и дано определение модуля эластичности. При вычислении полседнего в качество расчетных длин для величин удлинения и натяжения может быть использована исходная, средняя длина или длина в данныи момент. Многочисленные возникающие при этом комбинации сведены в систему, причем показано, что модуль эластицчности, обозначаемыи через E_{34}, является наиболее целесообразным. В заключение приводится классификация литературных данных о модулях эластичности в соответствии х принятой систематикой.

Dynamic Tensile Test of Filaments
II. A System of Elastic Moduli

After an unambiguous assignment of the values of force and length, a definition of the elastic modules is presented. The initial length, mean length or immediate length can be used as reference length of the values of stress and strain in calculations of the elastic modulus. The multiplicity of possible combinations is systematized and the elastic modulus designed by E_{34} is shown to be the most favourable. Finally, the elastic moduli found in the literature are located into the system.

1 Die Bezeichnung der Kraft- und Längenwerte

Da bei der dynamischen Prüfung die eindeutige Zuordnung von Kraft- und Längenwerten unbedingt erforderlich ist, zeigt Bild 1 ein Kraft-Längenänderungs-Diagramm, das sämtliche auftretenden Kraft- und Längenwerte enthält. Dabei wurden die Längen in Übereinstimmung mit TGL 0-53815 [30] mit dem Symbol L und entsprechenden Indizes angegeben, während Differenzgrößen immer das Zusatzsymbol Δ erhalten haben. Mit den Werten der Kraft, Spannung und Dehnung wird genau so verfahren, wodurch Verwechslungen weitgehend vermieden werden.

In TGL 0-53815 wurde unter Benutzung der in Bild 1 angegebenen Bezeichnungen nicht ganz logisch L_{P0} gleich L_{Pv} gesetzt und diesem Punkt der Kraftwert P_v auf Grund der bisherigen nicht ganz eindeutigen Kennzeichnung von Größen und Differenzgrößen zugeordnet. Es ist besser, jeden einzelnen Punkt ganz eindeutig mit einem Index zu versehen, das heißt der Kraft Null den Wert P_0 und der Probenlänge bei der Kraft Null den Wert L_{P0} zuzuordnen. Die Länge L_{P0} ist nun aber eine nicht eindeutig meßbare Größe. Als Bezugslänge L_{Pv} einer Probe sollte daher nur die Länge unter Vorspannung benutzt werden, denn ohne Vorspannung ist eine genaue Längenangabe unmöglich. Der mit Einspannlänge bezeichnete Klemmenabstand soll deshalb wie in TGL 0-53815 mit L_0 bezeichnet werden. Somit ist dem Wert P_v der Wert L_{Pv} zugeordnet. Als Koordinatenursprung wurde bisher immer der Punkt (P_0, L_{Pv}) betrachtet. Diese Vernachlässigung wirkt sich beim statischen Versuch nicht weiter aus. Beim dynamischen Versuch erscheint eine einwandfreie Zuordnung sehr wichtig. Es ist weiter eine scharfe Trennung zwischen Kräften und Kraftdifferenzen bzw. Längen und Längendifferenzen notwendig.

Beim statischen Versuch wird der Wert P_0 meist nicht beachtet, da die Vorspannkraft P_v wichtiger ist. Dagegen ist beim dynamischen Versuch der Wert P_0 von großer Bedeutung, da er den Grenzwert zwischen Zug- und Druckbereich darstellt. Im allgemeinen ist der Wert P_0 die Bezugsgröße für die Kräfte. Die am Prüfgerät abgelesenen Kraftwerte P bzw. P_m werden immer vom Wert P_0 ab gerechnet und nicht von P_v. Bei der Ermittlung der Mittelkraft wird nicht der Wert ΔP_m abgelesen, sondern P_m, dagegen wird bei der Längenänderung meistens der Wert ΔL_{Pm} und nicht L_{Pm} ermittelt. Die Amplitudenwerte bei Wechselbeanspruchung müssen mit ΔP_a und ΔL_a bezeichnet werden,

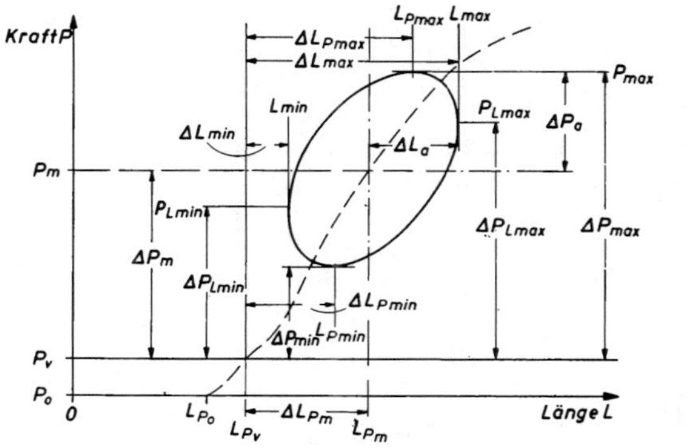

Bild 1. Einander zugeordnete Kraft- und Längenwerte bei der dynamischen Zugprüfung

[1]) Teilweise Auszug aus der Dissertation von A. Bauer, TU Dresden 1964 (Referenten: Prof. Dr.-Ing. habil. *W. Bobeth* und Prof. Dr.-Ing. habil. *H. Perner*). I s. d. Z. **15** (1964) 6, S. 248–253.

da sie Differenzgrößen sind, während z. B. die Maximalwerte P_{max} und L_{max} lauten müssen.

Es muß hier noch eingefügt werden, daß bei einer Querschnittsberechnung der Probe, die über die Feinheitsbestimmung erfolgt, als Bezugslänge die Meßlänge L_{Pv} verwendet wird. Um auch hier eindeutige Zuordnungen treffen zu können, müssen die Symbole eindeutig sein, d. h. als Index muß der zugehörige Kraft- oder Längenwert benutzt werden. Die Bezeichnung F_0 ist unklar, denn dieser Querschnitt könnte sowohl den Punkten (P_0, L_{P0}), als auch (P_0, L_{Pv}) bzw. (P_v, L_{Pv}) zugeordnet werden. Es muß also entweder der dem Punkt (P_0, L_{Pv}) zugeordnete Querschnitt F_{P0} oder der dem Punkt (P_v, L_{Pv}) zugeordnete Querschnitt F_{Pv} verwendet werden. Da L_{P0} nicht eindeutig bestimmbar ist, wird als Bezugsgröße für Querschnittsberechnungen stets der Ausgangsquerschnitt F_{Pv} benutzt. Es werden also folgende Zuordnungen getroffen:

Kraft	Länge	Querschnitt
P_0	L_{P0}	F_{P0}
P_v	L_{Pv}	F_{Pv}
P_m	L_{Pm}	F_{Pm}
P_{max}	L_{Pmax}	F_{Pmax}
P_{min}	L_{Pmin}	F_{Pmin}
P_{Lmax}	L_{max}	F_{Lmax}
P_{Lmin}	L_{min}	F_{Lmin}

Kraftdifferenz	Längenänderung
ΔP_m	ΔL_{Pm}
ΔP_{max}	ΔL_{Pmax}
ΔP_{min}	ΔL_{Pmin}
ΔP_{Lmax}	ΔL_{max}
ΔP_{Lmin}	ΔL_{min}
ΔP_a	ΔL_{Pa}
ΔP_{La}	ΔL_a

2 *Die Definition des Elastizitätsmoduls*

Der Begriff Elastizitätsmodul entstammt der Metallprüfung. Er ist definiert als diejenige Spannung, die der Dehnung 1 = 100% entspricht, und zwar unter der Annahme, daß die *Hooke*sche Gerade bis dahin verlängert wird. Der E-Modul entspricht also dem Differentialquotienten an die Spannungs-Dehnungs-Kurve in deren Nullpunkt (Bild 2).

Der Elastizitätmodul ist für die Metallprüfung von Bedeutung, da Metalle im allgemeinen nicht über die Elastizitätsgrenze hinaus beansprucht werden dürfen. Bei Textilien liegt die Beanspruchung dagegen oft im plastischen Bereich, da der elastische Bereich minimal klein ist. Für den einfachen Zugversuch kann man nun, von dieser Tatsache ausgehend, entsprechend Bild 3 verschiedene Elastizitätsmoduli aufzeichnen.

Bei der statischen Zugprüfung von Textilien hat man bisher überwiegend mit dem Anfangsmodul gerechnet. Dagegen tritt bei der dynamischen Prüfung die Prüfzeit als dominierende Größe auf, und die Materialkennwerte ändern sich während der Prüfung laufend. Das bedeutet, daß z. B. der Elastizitätsmodul nicht als absoluter Materialkennwert, sondern als veränderliche Größe betrachtet werden muß. Es wird dabei meist mit dem Sekantenmodul gearbeitet.

Der Vollständigkeit halber soll hier erwähnt werden, daß es für die spezielle Elastizitätsmodulbestimmung unter anderen die Vibrationsmethode, die Torsionsmethode und die Schallgeschwindigkeitsausbreitung in Fäden gibt. Dies sind aber keine dynamischen Zugprüfungen im engeren Sinne. Sie sollen hier nicht näher untersucht werden.

3 *Die älteren Bestimmungsarten des Elastizitätsmoduls*

Die mit der Resonanzmethode arbeitenden Autoren wie *G. Palandri* [27], *W. J. Lyons* und *I. B. Prettyman* [18, 19], *W. J. Lyons* [17], *B. A. Dunell* und *J. H. Dillon* [7], *P. Kainradl* und *F. Händler* [13], *S. J. W. Price*, *A. D. McIntyre*, *I. P. Pattison* und *B. A. Dunell* [28], *K. Fujino*, *H. Kawai* und *T. Horino* [11] sowie *V. Dischka* [6] ermittelten den dynamischen Elastizitätsmodul ausgehend von der Bewegungsgleichung für das aus Prüfsystem und Probe bestehende Resonanzsystem

$$m \frac{d^2 x_1}{dt^2} + r \frac{dx_1}{dt} + s x_1 = P_{\text{dyn. max}} \cos \omega t \qquad (1)$$

aus der Vibrationsmasse m, der Resonanzfrequenz ω_0, der Probenlänge L und dem Probenquerschnitt F zu

$$E = m\, \omega_0^2 \frac{L}{F}. \qquad (2)$$

H. Wakeham und *E. Honold* [31] zogen in ihrer gezeichneten Hysteresisschleife in 0,6 pound Entfernung vom oberen und unteren Kraftumkehrpunkt eine Parallele zur Abszisse, halbierten die Strecken und verbanden beide Punkte, wodurch sich die Neigung der Schleife ergab (Bild 4). Als Elastizitätsmodul wurde dann diese Neigung bezogen auf das Cordvolumen betrachtet und mit der Beziehung

$$E = \alpha \frac{400}{\pi\, d^2} K_1 \qquad (3)$$

berechnet.

B. W. Asmussen und *F. Andersen* [3] sowie *G. Fromandi* [10] errechneten für geringste Frequenzen aus der Hysteresisschleife durch Verbindung der beiden Umkehrpunkte die Neigung der Schleife. *G. Fromandi* [10] nannte diesen Wert Kraftmodul, während *B. W. Asmussen* und *F. Andersen*

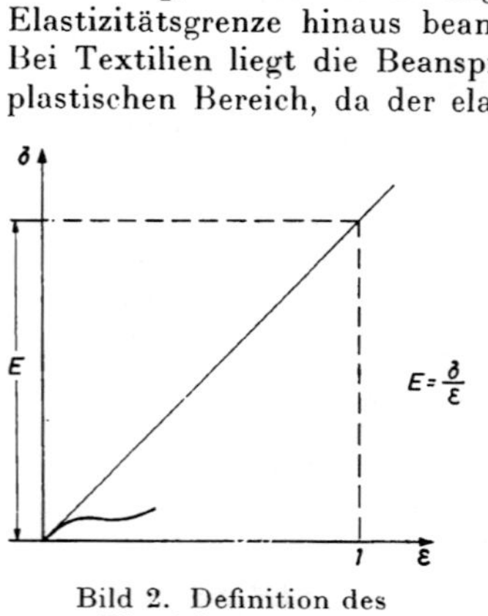

Bild 2. Definition des Elastizitätsmoduls

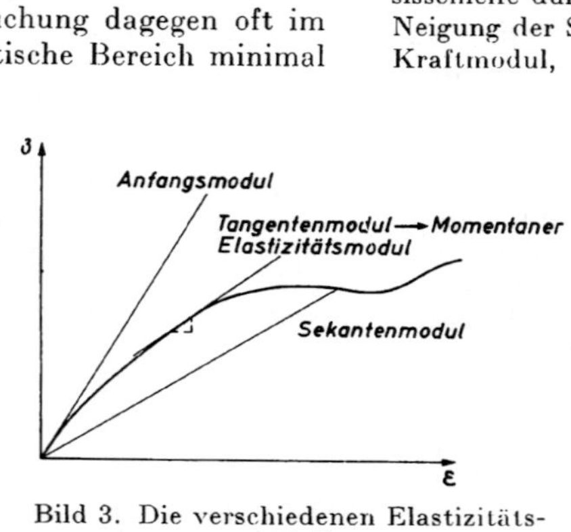

Bild 3. Die verschiedenen Elastizitätsmoduli

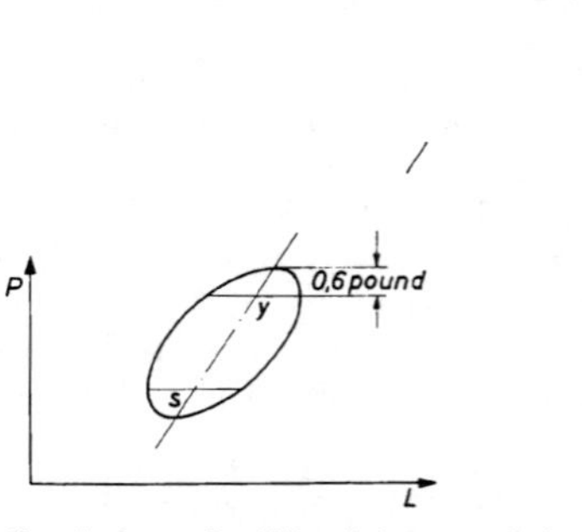

Bild 4. Ermittlung des Elastizitätsmoduls nach *H. Wakeham* und *E. Honold* [31]

[3] sowie *F. Andersen* [2] ihn als Steifheit S bezeichneten und den Elastizitätsmodul durch Berücksichtigung der Probenabmessungen zu

$$E = \frac{L}{F} S \tag{4}$$

erhielten. Die gleiche Formel verwendete *N. Adam* [1], während *H. McCallion* und *D. H. Davis* [20] einen Steifheitswert ermittelten, indem sie die Kraftamplitude durch die Dehnungsamplitude dividierten. *F. Breazeale* und *J. Whisnant* [4] errechneten einen Wert (bezeichnet mit dynamic stretch modulus), der der obigen Steifheit entspricht. *W. Meskat* und *O. Rosenberg* [21] errechneten den dynamischen Elastizitätsmodul auch aus der Neigung der Hysteresisschleife und den Probenabmessungen, also nach obiger Formel, meinen aber, daß diese Größe nicht mit E_{dyn}, sondern als Steifheit St des Materials bezeichnet werden müßte.

4 *Die Systematik des Elastizitätsmoduls*

Der Zusammenhang

$$E = \frac{\sigma}{\varepsilon} \tag{5}$$

gilt ganz allgemein für die statische wie für die dynamische Prüfung. Soll für dynamische Prüfungen ein Elastizitätsmodul ermittelt werden, so muß, da man nicht in jedem Falle den Nullpunkt als Bezugspunkt mit einbeziehen kann, mit Spannungs- und Dehnungsdifferenzen gearbeitet werden. Es wird also allgemein folgende Gleichung angesetzt:

$$E_{\text{dyn}} = \frac{d\sigma}{d\varepsilon}. \tag{6}$$

Für die praktische Auswertung sind die Differentialquotienten nicht geeignet, und man arbeitet vorteilhafterweise mit den Differenzenquotienten

$$E_{\text{dyn}} = \frac{\Delta\sigma}{\Delta\varepsilon}. \tag{7}$$

Die Berechnung des dynamischen Elastizitätsmoduls geschieht dabei allgemein nach der Beziehung

$$E_{\text{dyn}} = \frac{\Delta\sigma}{\Delta\varepsilon} = \frac{\sigma_{\max} - \sigma_{\min}}{\varepsilon_{\max} - \varepsilon_{\min}}. \tag{8}$$

Setzt man nun für die Spannungs- und Dehnungswerte die entsprechenden Kraft- und Längenänderungswerte unter Berücksichtigung der Querschnittsänderungen der Probe an den beiden Umkehrpunkten der Hysteresisschleife ein, so erhält man folgende Zusammenhänge

$$E_{\text{dyn}} = \frac{\Delta\left(\frac{P}{F}\right)}{\Delta\left(\frac{\Delta L}{L}\right)} \mathrel{\hat{=}} \frac{\frac{P_{\max}}{F} - \frac{P_{\min}}{F}}{\frac{\Delta L_{\max}}{L_\varepsilon} - \frac{\Delta L_{\min}}{L_\varepsilon}} =$$

$$= \frac{\frac{P_m + \Delta P_a}{F} - \frac{P_m - \Delta P_a}{F}}{\frac{\Delta L_{Pm} + \Delta L_a}{L_\varepsilon} - \frac{\Delta L_{Pm} - \Delta L_a}{L_\varepsilon}}. \tag{9}$$

$$F = F_{Pv} \frac{L_{Pv}}{L_\sigma}, \tag{10}$$

$$F_{Pv} = \frac{Td_{Pv}}{9000\,\varrho} = \frac{Tt_{Pv}}{1000\,\varrho} = \frac{1}{\text{Nm}_{Pv}\,\varrho}. \tag{11}$$

Die Längenänderungswerte ΔL_{Pm} und ΔL_a können nun für die Berechnung der Dehnung auf verschiedene Längen bezogen werden, und zwar entweder auf die Ausgangslänge L_{Pv} der Probe, wie es in der Textilprüfung üblich ist, oder auf die mittlere Länge der gedehnten Probe, oder auch auf die augenblicklich vorhandene Länge. Ähnlich verhält es sich bei der Spannungsberechnung mit den Bezugslängen für die Querschnittsänderungen der Probe. Hier kann die Kraft entweder auf den Ausgangsquerschnitt der Probe oder auf den mittleren Querschnitt der gedehnten Probe oder auf den augenblicklichen Querschnitt bezogen werden.

Stellt man nun die Vielzahl der sich hieraus ergebenden Kombinationen systematisch zusammen, so erhält man Tabelle 1. Dabei ist zu beachten, daß in dieser Tabelle nur die Kombinationen aufgeführt worden sind, bei denen von der Mittelkraft bzw. der Mitteldehnung als Grundgrößen ausgegangen wurde. Die Mannigfaltigkeit der Kombinationen ist aber bedeutend größer, denn es besteht auch die Möglichkeit bei dynamischen Prüfungen die obere oder untere Kraft- bzw. Dehnungsgrenze als Grundgröße zu verwenden, wie es z. B. *W. Wegener* [32], *H. Stöver* [29], *K. P. Mieck* und *H. Stöver* [24, 25] und *K. P. Mieck, W. Laukner* und *H. Stöver* [23] taten.

Daß nicht alle in Tabelle 1 aufgeführten Kombinationen sinnvoll sind, soll mit den folgenden Ausführungen gezeigt werden.

Für den statischen Versuch treffen die Kombinationen 1, 2, 4 und 5 zu, da keine Wechselkomponente vorhanden ist. Für Metall und Holz wird nach *F. Körber* und *A. Krisch* [16] sowie *K. Egner* [*8*] der Elastizitätsmodul auf den Punkt Null des Spannungs-Dehnungs-Diagramms bezogen, was der Kombination 1 entspricht. Nach TGL 0-53815 [30] wird für den statischen Versuch die Zugspannung

$$\sigma = \frac{P}{F} \tag{12}$$

und die Zug-Nennspannung

$$\sigma_v = \frac{P}{F_{Pv}} \tag{13}$$

im Bereich des *Hooke*schen Gesetzes unterschieden. Gemäß diesen beiden Spannungswerten lassen sich zwei Elastizitätsmoduli berechnen, und zwar mit der Zugspannung σ ein Elastizitätsmodul nach der Kombination 4 und mit der Zug-Nennspannung σ_v ein Elastizitätsmodul nach der Kombination 1. *W. Wegener* [35] hat für den einfachen Zugversuch in einem Diagramm drei Spannungs-Dehnungs-Linien gegenübergestellt, bei denen zunächst die Längenänderung auf die Ausgangslänge und die Kraft auf den Ausgangsquerschnitt bezogen waren, was der Kombination 1 entspricht. Weiter wurden die Längenänderungen auf die Ausgangslänge und die Kraft auf den jeweiligen Querschnitt bezogen, was mit der Kombination 4 übereinstimmt, und schließlich die Längenänderung auf die jeweilige Länge und die Kraft auf den jeweiligen Querschnitt, analog der Kombination 5. Aus der Tabelle 1 ist ersichtlich, daß die Kombinationen 2 und 4 identisch sind.

Tabelle 1. Die verschiedenen Möglichkeiten der Elastizitätsmodulberechnung

Kombination	ΔP-Wert	L_σ-Wert	ΔL-Wert	L_ε-Wert	Elastizitätsmodul	
1	P_m	L_{Pv}	ΔL_{Pm}	L_{Pv}	E_1	
2				$L_{Pv} + \Delta L_{Pm}$	E_2	
3				$L_{Pv} + \Delta L_{Pm} \pm \Delta L_a$		E_{stat} (E_1, E_2, E_4, E_5)
4		$L_{Pv} + \Delta L_{Pm}$		L_{Pv}	E_4	
5				$L_{Pv} + \Delta L_{Pm}$	E_5	
6				$L_{Pv} + \Delta L_{Pm} \pm \Delta L_a$		
7		$L_{Pv} + \Delta L_{Pm} \pm \Delta L_a$		L_{Pv}		
8				$L_{Pv} + \Delta L_{Pm}$		
9				$L_{Pv} + \Delta L_{Pm} \pm \Delta L_a$		
10		L_{Pv}	$\Delta L_{Pm} \pm \Delta L_a$	L_{Pv}		
11				$L_{Pv} + \Delta L_{Pm}$		
12				$L_{Pv} + \Delta L_{Pm} \pm \Delta L_a$		
13		$L_{Pv} + \Delta L_{Pm}$		L_{Pv}		
14				$L_{Pv} + \Delta L_{Pm}$		
15				$L_{Pv} + \Delta L_{Pm} \pm \Delta L_a$		
16		$L_{Pv} + \Delta L_{Pm} \pm \Delta L_a$		L_{Pv}		
17				$L_{Pv} + \Delta L_{Pm}$		
18				$L_{Pv} + \Delta L_{Pm} \pm \Delta L_a$		
19	$P_m \pm \Delta P_a$	L_{Pv}	ΔL_{Pm}	L_{Pv}		
20				$L_{Pv} + \Delta L_{Pm}$		
21				$L_{Pv} + \Delta L_{Pm} \pm \Delta L_a$		
22		$L_{Pv} + \Delta L_{Pm}$		L_{Pv}		
23				$L_{Pv} + \Delta L_{Pm}$		
24				$L_{Pv} + \Delta L_{Pm} \pm \Delta L_a$		
25		$L_{Pv} + \Delta L_{Pm} \pm \Delta L_a$		L_{Pv}		
26				$L_{Pv} + \Delta L_{Pm}$		
27				$L_{Pv} + \Delta L_{Pm} \pm \Delta L_a$		
28		L_{Pv}	$\Delta L_{Pm} \pm \Delta L_a$	L_{Pv}	E_{28}	
29				$L_{Pv} + \Delta L_{Pm}$	E_{29}	
30				$L_{Pv} + \Delta L_{Pm} \pm \Delta L_a$	E_{30}	
31		$L_{Pv} + \Delta L_{Pm}$		L_{Pv}	E_{31}	
32				$L_{Pv} + \Delta L_{Pm}$	E_{32}	E_{dyn} (E_{28} bis E_{36})
33				$L_{Pv} + \Delta L_{Pm} \pm \Delta L_a$	E_{33}	
34		$L_{Pv} + \Delta L_{Pm} \pm \Delta L_a$		L_{Pv}	E_{34}	
35				$L_{Pv} + \Delta L_{Pm}$	E_{35}	
36				$L_{Pv} + \Delta L_{Pm} \pm \Delta L_a$	E_{36}	

In der Formel (9) lassen sich die beiden Differenzenquotienten $\Delta(P/F)$ und $\Delta(\Delta L/L)$ nur bilden, wenn beim Kraftwert die Größe ΔP_a und beim Längenänderungswert die Größe ΔL_a berücksichtigt werden, wie es im letzten Teil der Gleichung (9) geschehen ist, weil sonst ein Differenzenquotient der Form 0/0 auftritt. In den Kombinationen 3 und 6 bis 27 ist diese Bedingung nicht einzuhalten, und somit ist die Berechnung eines Elastizitätsmoduls nicht möglich. Für die Ermittlung des dynamischen Elastizitätsmoduls kommen nur die Kombinationen 28 bis 36 in Betracht. Bei den Kombinationen 28 bis 30 wird die Nennspannung, bei 31 bis 33 die mittlere Spannung und bei 34 bis 36 die wirkliche Spannung verwendet. Dann ist jeweils zusätzlich eine Aufschlüsselung in der Art der Bezugsgröße für die Längenänderung zur Ermittlung des Dehnungswertes vorgenommen worden, und zwar wird einmal der Längenänderungswert auf die Ausgangslänge, dann auf die mittlere Länge und schließlich auf die augenblickliche Länge bezogen. Dies ist eine Frage der Definition der Dehnung. Da für die Benutzung der mittleren Länge keine einwandfreie Definition zu begründen ist, sind von den drei Bezugsmöglichkeiten nur zwei sinnvoll, und zwar die Verwendung der Ausgangslänge oder der augenblicklichen Länge als Bezugsgrößen. *A. M. Freudenthal* [9] arbeitete auch nur mit diesen beiden Bezugslängen. Unter Beachtung dieser Punkte berücksichtigen nur die Kombinationen 34 und 36 — je nach der Dehnungsdefinition — die gegebenen Verhältnisse am vollständigsten, da nur sie die richtige Zuordnung der einzelnen Werte zueinander besitzen. Wird die Dehnung aus der Querschnittsverringerung abgeleitet, wie es *A. M. Freudenthal* [9] tat, so erscheint als Längenänderungs-Bezugsgröße die augenblickliche Länge als die richtige Lösung, was zur Kombination 36 führt.

Für die Berechnung des Elastizitätsmoduls der Kombination 36 werden die oberen und unteren Kraftumkehrpunkte mit den zugehörigen Längenänderungswerten verwendet, d. h. der untere Kraftwert wird auf die Querschnittsfläche im unteren Punkt bezogen, und als Bezugslänge für die Dehnungsermittlung wird auch dieser untere Punkt der Hystereseschleife herangezogen. Die Berechnung des Elastizitätsmoduls geschieht mit Hilfe der beiden idealisierten Punkte ($\Delta P_{\min}$, $\Delta L_{\min}$) und ($\Delta P_{\max}$, $\Delta L_{\max}$). Die Fehler, die dadurch auftreten, daß Kraft- und Wegumkehrpunkt zu einem Punkt zusammengefaßt wurden, d. h. mit einer ganz spitzen Ellipse gearbeitet wird, sind sehr gering und werden vernachlässigt, denn in der Praxis treten immer ziemlich spitze Ellipsen oder Abarten davon auf.

Für die Kombination 36, die die umfassendste ist und von der alle anderen Kombinationen abgeleitet werden können, läßt sich mit folgenden Schritten der Elastizitätsmodul berechnen:

$$E = \frac{\Delta\sigma}{\Delta\varepsilon} = \frac{\sigma_{\max} - \sigma_{\min}}{\varepsilon_{\max} - \varepsilon_{\min}}, \qquad (8)$$

$$\sigma_{\max} = (P_m + \Delta P_a)\frac{1}{F_{P\max}}, \qquad (14)$$

$$\sigma_{\min} = (P_m - \Delta P_a)\frac{1}{F_{P\min}}, \qquad (15)$$

$$F_{P\max} = F_{Pv}\frac{L_{Pv}}{L_{Pv} + \Delta L_{Pm} + \Delta L_a}, \qquad (16)$$

$$F_{P\min} = F_{Pv}\frac{L_{Pv}}{L_{Pv} + \Delta L_{Pm} - \Delta L_a}, \qquad (17)$$

$$\varepsilon_{\max} = \frac{\Delta L_{Pm} + \Delta L_a}{L_{Pv} + \Delta L_{Pm} + \Delta L_a}, \qquad (18)$$

$$\varepsilon_{\min} = \frac{\Delta L_{Pm} - \Delta L_a}{L_{Pv} + \Delta L_{Pm} - \Delta L_a}, \qquad (19)$$

$$F_{Pv} = \frac{Td_{Pv}}{9000\,\varrho} = \frac{Tt_{Pv}}{1000\,\varrho} = \frac{1}{\mathrm{Nm}_{Pv}\,\varrho}, \qquad (11)$$

$$E_{36} = \frac{1}{F_{Pv}}\frac{\Delta P_a L_{Pv}}{\Delta L_a}\left[1 + 3\frac{\Delta L_{Pm}}{L_{Pv}} + 3\frac{\Delta L_{Pm}^2}{L_{Pv}^2} + \frac{\Delta L_{Pm}^3}{L_{Pv}^3} - \frac{\Delta L_a^2}{L_{Pv}^2} - \frac{\Delta L_{Pm}\,\Delta L_a^2}{L_{Pv}^3} + \frac{P_m\,\Delta L_a}{\Delta P_a\,L_{Pv}}\left(1 + 2\frac{\Delta L_{Pm}}{L_{Pv}} + \frac{\Delta L_{Pm}^2}{L_{Pv}^2} - \frac{\Delta L_a^2}{L_{Pv}^2}\right)\right]. \qquad (20)$$

Tabelle 2. Die Formeln der möglichen Elastizitätsmoduli

$$E_1 = \frac{P_m}{F_{Pv}}\frac{L_{Pv}}{\Delta L_{Pm}}$$

$$E_2 = \frac{P_m}{F_{Pv}}\left(1 + \frac{L_{Pv}}{\Delta L_{Pm}}\right)$$

$$E_4 = \frac{P_m}{F_{Pv}}\left(1 + \frac{L_{Pv}}{\Delta L_{Pm}}\right)$$

$$E_5 = \frac{P_m}{F_{Pv}}\left(2 + \frac{L_{Pv}}{\Delta L_{Pm}} + \frac{\Delta L_{Pm}}{L_{Pv}}\right)$$

$$E_{28} = \frac{1}{F_{Pv}}\frac{\Delta P_a \cdot L_{Pv}}{\Delta L_a}$$

$$E_{29} = E_{28}\left(1 + \frac{\Delta L_{Pm}}{L_{Pv}}\right)$$

$$E_{30} = E_{28}\left(1 + 2\frac{\Delta L_{Pm}}{L_{Pv}} + \frac{\Delta L_{Pm}^2}{L_{Pv}^2} - \frac{\Delta L_a^2}{L_{Pv}^2}\right)$$

$$E_{31} = E_{28}\left(1 + \frac{\Delta L_{Pm}}{L_{Pv}}\right)$$

$$E_{32} = E_{28}\left(1 + 2\frac{\Delta L_{Pm}}{L_{Pv}} + \frac{\Delta L_{Pm}^2}{L_{Pv}^2}\right)$$

$$E_{33} = E_{28}\left[1 + 3\frac{\Delta L_{Pm}}{L_{Pv}} + 3\frac{\Delta L_{Pm}^2}{L_{Pv}^2} + \frac{\Delta L_{Pm}^3}{L_{Pv}^3} - \frac{\Delta L_a^2}{L_{Pv}^2}\left(1 + \frac{\Delta L_{Pm}}{L_{Pv}}\right)\right]$$

$$E_{34} = E_{28}\left(1 + \frac{\Delta L_{Pm}}{L_{Pv}} + \frac{P_m \cdot \Delta L_a}{\Delta P_a \cdot L_{Pv}}\right)$$

$$E_{35} = E_{28}\left[1 + 2\frac{\Delta L_{Pm}}{L_{Pv}} + \frac{\Delta L_{Pm}^2}{L_{Pv}^2} + \frac{P_m \cdot \Delta L_a}{\Delta P_a \cdot L_{Pv}}\left(1 + \frac{\Delta L_{Pm}}{L_{Pv}}\right)\right]$$

Da bei den dynamischen Prüfungen von Fäden nur Zugkräfte und keine Druckkräfte auftreten können, darf die Wechseldehnungsamplitude ΔL_a nur folgenden maximalen Wert

$$\Delta L_a \leqq (L_{Pv} + \Delta L_{Pm} - L_{P0}) \qquad (21)$$

annehmen, denn sonst liegt keine einwandfreie sinusförmige Beanspruchung mehr vor.

Begeht man eine kleine Vernachlässigung, indem man L_{Pv} gleich L_{P0} setzt, so kann man schreiben

$$\Delta L_a = z\Delta L_{Pm} \quad \text{mit} \quad 0 \leqq z \leqq 1. \qquad (22)$$

ΔL_a darf sich also angenähert nur in diesem Bereich bewegen. Durch Einführung der Abkürzung

$$E_{28} = \frac{1}{F_{Pv}}\frac{\Delta P_a L_{Pv}}{\Delta L_a} \qquad (23)$$

werden für die Kombination 36 die beiden Grenz-Elastizitätsmoduli $E_{36\min}$ für $z \to 0$ (kleine Hysteresisschleife) und $E_{36\max}$ für $z \to 1$ (große Hysteresisschleife) erhalten, zwischen denen normalerweise der wirkliche Elastizitätsmodul liegt. Man erhält also

$$E_{36\min} = E_{28}\left[1 + 3\frac{\Delta L_{Pm}}{L_{Pv}} + 2\frac{\Delta L_{Pm}^2}{L_{Pv}^2} + \frac{P_m\,\Delta L_a}{\Delta P_a\,L_{Pv}}\left(1 + 2\frac{\Delta L_{Pm}}{L_{Pv}}\right)\right], \qquad (24)$$

$$E_{36\max} = E_{28}\left[1 + 3\frac{\Delta L_{Pm}}{L_{Pv}} + 3\frac{\Delta L_{Pm}^2}{L_{Pv}^2} + \frac{\Delta L_{Pm}^3}{L_{Pv}^3} + \frac{P_m\,\Delta L_a}{\Delta P_a\,L_{Pv}}\left(1 + 2\frac{\Delta L_{Pm}}{L_{Pv}} + \frac{\Delta L_{Pm}^2}{L_{Pv}^2}\right)\right]. \qquad (25)$$

Unter Verwendung von Gleichung (24) kann Gleichung (25) auch

$$E_{36\max} = E_{36\min} + E_{28}\frac{\Delta L_{Pm}^2}{L_{Pv}^2}\left(1 + \frac{\Delta L_{Pm}}{L_{Pv}} + \frac{P_m\,\Delta L_a}{\Delta P_a\,L_{Pv}}\right) \qquad (26)$$

geschrieben werden, woraus deutlicher der Unterschied zwischen $E_{36\max}$ und $E_{36\min}$ zu ersehen ist.

Für die anderen Kombinationen sind die entsprechenden Elastizitätsmoduli in Tabelle 2 enthalten.

Auf Grund der Definition des Elastizitätsmoduls ist als Bezugslänge für die Längenänderung ΔL die Ausgangslänge L_{Pv} zu verwenden, was der Kombination 34 entspricht. Bei Benutzung der augenblicklichen Länge $L_{Pv} + \Delta L$ in Anlehnung an Kombination 36 auf Grund der Beziehung $\varepsilon = \dfrac{\Delta L}{L_{Pv} + \Delta L}$ kann nur bei der Länge ∞ die Dehnung $\varepsilon = 1$ bzw. $\varepsilon = 100\%$ erzielt werden. In Bild 5 ist dieser Sachverhalt graphisch dargestellt.

Ferner kann bemerkt werden, daß für die Elastizitätsmodul-Berechnung die Verwendung der augenblicklichen Länge wie in Kombination 36 als Bezugsgröße für die Dehnung nicht sinnvoll ist, da dann in einem Elastizitätsmodul zwei verschiedene „Dehnungsgrößen" verwendet werden, denn für die Dehnungsberechnung des oberen Umkehrpunktes wird dann eine andere Bezugslänge L_ε verwendet als für den unteren Umkehrpunkt.

Dies alles spricht für die Anwendung der Kombination 34. Ein weiterer Grund ist, daß für alle auftreten-

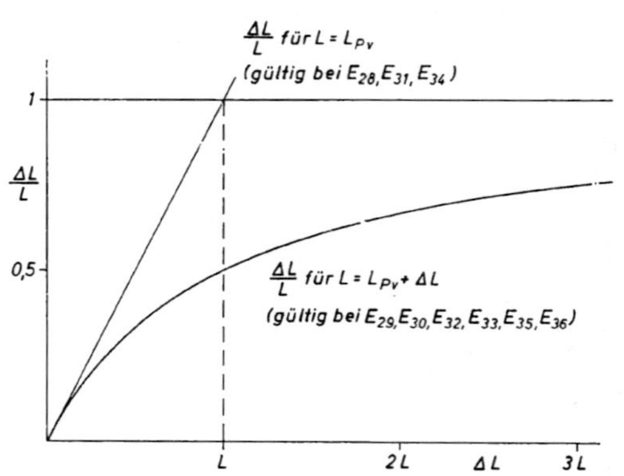

Bild 5. Die Längenänderung bezogen auf die Bezugslänge

den Dehnungen mit einer einheitlichen Dehnungsdefinition gearbeitet werden kann, was ja auch unbedingt getan werden muß. Außerdem sei darauf hingewiesen, daß bei der Prüfung nur die Dehnungsdefinition der Kombination 34 relativ einfach zu verwirklichen ist. Mit der Dehnungsdefinition der Kombination 36 läßt sich z. B. das Prüfprinzip „konstante Mittelkraft — konstante Wechseldehnung" nur mit sehr kompliziertem apparativem Aufwand durchführen, da die mittlere Länge, also die Bezugslänge, sich laufend ändert und zum Erreichen einer konstanten Wechseldehnung ein ständiges Nachstellen der Wechselamplitude entsprechend der mittleren Längenänderung des Fadens notwendig ist. Zur Ermittlung des dynamischen Elastizitätsmoduls wird also die Formel nach der Kombination 34

$$E_{34} = \frac{1}{F_{Pv}} \frac{\Delta P_a\, L_{Pv}}{\Delta L_a} \left(1 + \frac{\Delta L_{Pm}}{L_{Pv}} + \frac{P_m}{\Delta P_a} \frac{\Delta L_a}{L_{Pv}}\right) \qquad (27)$$

benutzt.

Aus der Tabelle 2 ist ersichtlich, daß die Kombinationen 29 und 31 einander entsprechen und die Kombinationen 31 und 32 Grenzfälle der Kombinationen 34 und 35 sind, und zwar wenn

$$\frac{P_m\, \Delta L_a}{\Delta P_a L_{Pv}} = 0$$

wird. Dies läßt sich auch dem Bild 6 entnehmen, in dem das Verhältnis E_i/E_{28} über der Längenänderung $\Delta L_{Pm}/L_{Pv}$ dargestellt wurde. In diesem Bild ist also das Verhältnis der einzelnen dynamischen Elastizitätsmoduli zueinander aufgezeichnet, und es lassen sich die Abweichungen der einzelnen Moduli voneinander ablesen. In welcher Reihenfolge die Verfahren die geringste Abweichung vom Elastizitätsmodul nach Kombination 34 haben, läßt sich auf Grund des versuchsabhängigen $\frac{P_m\, \Delta L_a}{\Delta P_a\, L_{Pv}}$-Wertes schlecht abschätzen. Die Korrekturwerte für die Kombination 34 entnimmt man am besten dem Bild 7.

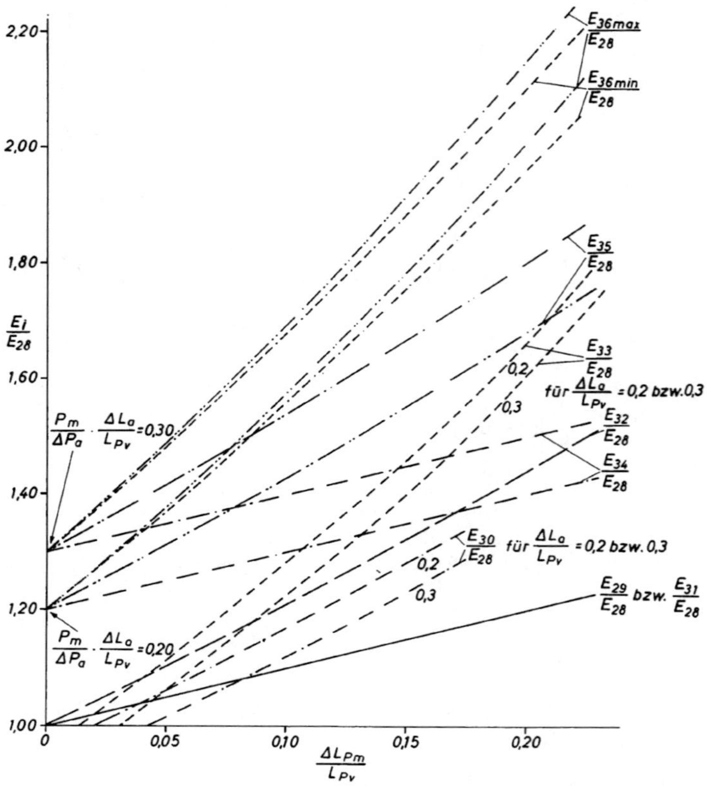

Bild 6. Korrekturwerte für den Elastizitätsmodul der Kombinationen 29 bis 36

5 Kritische Betrachtungen der in der Literatur gefundenen Elastizitätsmoduli

W. Meskat und *O. Rosenberg* [21] gaben folgende Formel

$$E_{\text{dyn}} \approx St = \frac{L}{F} \cdot \tan \beta \qquad (28)$$

an und bezeichneten die errechnete Größe mit Steifheit. Aus Tabelle 2 ist ersichtlich, daß die Steifheit St identisch mit dem dynamischen Elastizitätsmodul der Kombination 28 ist. *H. Oberst* [26] gab für die dynamische Prüfung von Kunststoffen einen Elastizitätsmodul entsprechend Kombination 28 an.

Nach *H. Meumann* [22], der den Elastizitätsmodul mit Steifheitsgrad bezeichnete, erhält man für den Steifheitsgrad bei einer Berechnung entsprechend der des Elastizitätsmoduls für Stahl die mit der Kombination 34 übereinstimmende Formel

$$E_{34} = \frac{1}{F_{Pv}} \left(P_m + L_{Pm} \frac{\Delta P_a}{\Delta L_a}\right), \qquad (29)$$

wobei $L_{Pm} = L_{Pv} + \Delta L_{Pm}$ ist. *H. Meumann* [22] schrieb außerdem: „Bei der dynamischen Beanspruchung erhält der Cordfaden eine bleibende Längung. Diese geht bei Gleichung 1 (hier Gleichung 29) mit in den Steifheitsgrad E ein. Für Fäden mit unterschiedlicher Vorlastdehnung, aber gleicher Neigung der Hysteresisschleife würde man damit verschiedene Werte für den Steifheitsgrad erhalten. Ein Vergleich der Steifheit verschiedener Cordfäden wäre damit nicht möglich. Es soll deshalb als Bezugspunkt für die Berechnung des

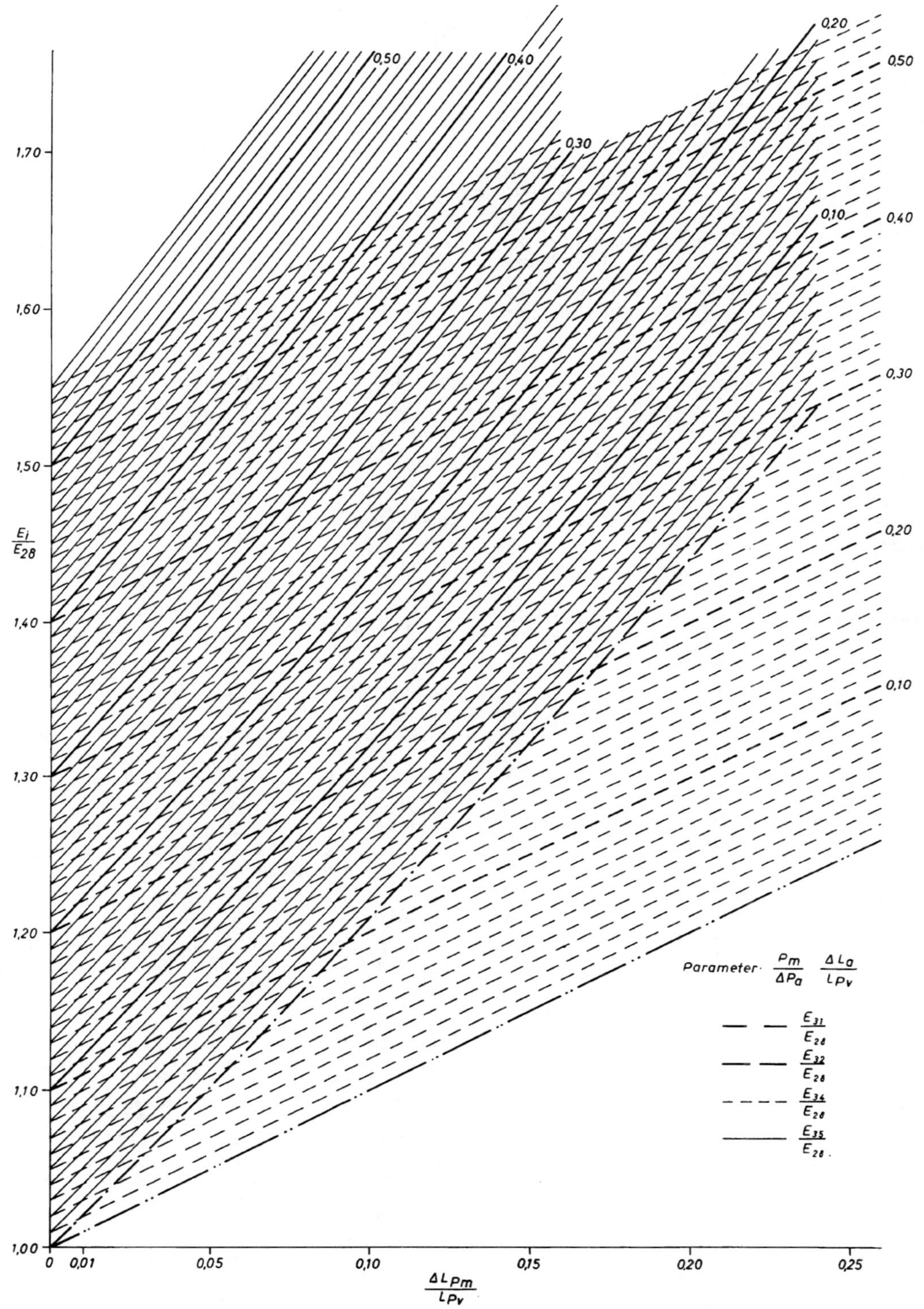

Bild 7. Korrekturwerte für den Elastizitätsmodul der Kombinationen 31, 32, 34, 35

Steifheitsmoduls statt der Einspannlänge L_{Pv} die im Moment der Messung bestehende Fadenlänge L_{Pm} gewählt werden." Dann ergibt sich die Formel der Kombination 35

$$E_{35} = \frac{1}{F_{Pv}} \frac{L_{Pm}^2}{L_{Pv}} \left(\frac{\Delta P_a}{\Delta L_a} + \frac{\Delta P_m}{L_{Pm}} \right), \qquad (30)$$

die auch von *G. Kemmnitz* [14] sowie *G. Kemmnitz*, *W. Meskat* und *H. Meumann* [15] angegeben wurde. Weiter führten dann *H. Meumann* [22] sowie *G. Kemmnitz*, *W. Meskat* und *H. Meumann* [15] an, daß man die Querschnittsänderung meistens vernachlässigen und alle Größen auf den Zustand des Cordes im Schleifenmittelpunkt beziehen kann. Dabei entsteht dann der Ausdruck

$$E_{32} = \frac{1}{F_{Pv}} \frac{L_{Pm}^2}{L_{Pv}} \frac{\Delta P_a}{\Delta L_a} \tag{31}$$

entsprechend Kombination 32. Die Tabelle 1 entkräftet die obige Behauptung von *H. Meumann* [22], nach der der dynamische Elastizitätsmodul immer von der mittleren Länge L_{Pm} abhängig ist. Außerdem wollte *H. Meumann* [22] als Bezugspunkt die im Moment der Messung bestehende Fadenlänge nehmen und bezeichnete sie mit L_{Pm}. Dies ist aber die mittlere bzw. vorgedehnte Fadenlänge. Er meinte jedoch definitionsgemäß die Länge $L_{Pv} + \Delta L_{Pm} \pm \Delta L_a$, mit der sich Kombination 36 ergibt.

In DIN 53513 [5] wurde zur Ermittlung des komplexen Moduls über den Ansatz

$$E^* = \frac{\Delta \sigma_a}{\Delta \varepsilon_a} \tag{32}$$

die Kombination 32 verwendet.

W. Wegener [33 bis 37], sowie *W. Wegener* und *G. Thomas* [39] und ferner *W. Wegener* und *E. G. Hoth* [38] gaben zur Beurteilung von Garnen eine Elastizitätszahl E_Z an, die in den verschiedenen Arbeiten verschiedene Bezeichnung trägt, aber im Grunde immer wie folgt definiert ist:

$$E_Z = \frac{P_{\max}(100 + \varepsilon_{\text{ges, n}}) - P_{\min}\left[100 + \frac{1}{2}(\varepsilon_{\text{r, n}} + \varepsilon_{\text{r, n-1}})\right]}{\varepsilon_{\text{ges, n}} - \frac{1}{2}(\varepsilon_{\text{r, n}} + \varepsilon_{\text{r, n-1}})} N m_{Pv}\, \varrho . \tag{33}$$

Durch Verwendung der in Bild 1 angegebenen Kraft- und Längensymbole läßt sich Formel (33) zurückführen auf Formel (27), was der Kombination 34 entspricht. Die von *W. Wegener* u. Mitarb. errechnete Elastizitätszahl ist also der dynamische Elastizitätsmodul E_{34}. *K. P. Mieck* und *H. Stöver* [24, 25] errechneten einen Elastizitätsmodul nach der Formel

$$E_{29a} = N m_{Pv}\, \varrho \frac{\Delta P_a}{\Delta L_a} L_{P\min} = E_{28}\left(1 + \frac{\Delta L_{P\min}}{L_{Pv}}\right). \tag{34}$$

Sie verwendeten hierbei zwei verschiedene Bezugsgrößen, und zwar bezogen sie die Wechselamplitude auf die augenblickliche Probenlänge (d. h. Einspannlänge + bleibende Verlängerung bei konstanter unterer Kraftgrenze), und zur Berechnung der Spannung benutzten sie den Ausgangsquerschnitt. Dies entspräche der Kombination 29, jedoch ist nicht die Mittelkraft, sondern die untere Kraftgrenze konstant gehalten worden, so daß sich kleine Unterschiede gegenüber E_{29} ergeben.

Zu bemerken ist, daß bei der dynamischen Prüfung anderer Materialien als Textilien auch verschiedene Definitionen des Elastizitätsmoduls existieren. *K. Hesselbarth* [12] führte in seiner Arbeit über das elasto-plastische Verhalten von Gesteinen und Baustoffen an Hand von Bild 8 folgende Elastizitätsmoduli an:

Verformungsmodul $E = \frac{\sigma}{\varepsilon_{\text{ges}}} = \tan \beta_1$ (35)

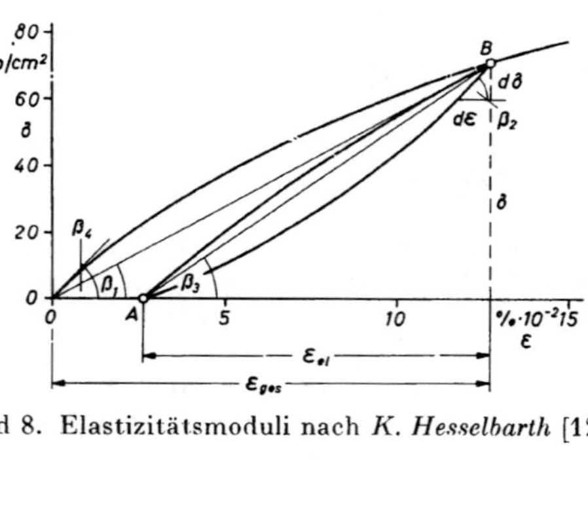

Bild 8. Elastizitätsmoduli nach *K. Hesselbarth* [12]

Elastizitätsmodul

nach *Dreyer* $E = \frac{d\sigma}{d\varepsilon} = \tan \beta_2$ (36)

nach *Stöcke* $E = \frac{\sigma}{\varepsilon_{el}} = \tan \beta_3$ (37)

Anfangsmodul $E_0 = \frac{\sigma_0}{\varepsilon_0} = \tan \beta_4$ (38)

K. Hesselbarth [12] schrieb dazu, daß die Definition nach Stöcke die beste ist, da sie den Gegebenheiten am meisten Rechnung trägt. Die Definition von *Stöcke* ist mit der in Gleichung (8) verwendeten identisch. Weiter kann dazu nichts gesagt werden, da wegen der geringen Dehnung die Problematik der Bezugslängen bei Gesteinen und Baustoffen nicht existiert.

Literatur

[1] *Adam, N.*, The shear and Young's moduli of nylon 6.6 monofilaments of various orientations and the variation of shear modulus with relative humidity. J. Textile Inst. **47** (1956) S. T 530–540.

[2] *Andersen, F.*, Untersuchungen über die mechanischen Eigenschaften von Zellulosefasern in Beziehung zu ihrer inneren Struktur. Contributions from the Danish Institute for Textile Res., No. 13 (1950) S. 1–75.

[3] *Asmussen, B. W.*, und *Andersen, F.*, Studies on the elasticity of cellulose fibres I. Trans. Danish Acad. Techn. Sci., Nr. 3 (1947) S. 1–32.

[4] *Breazeale, F.*, und *Whisnant, J.*, An apparatus to depict the load-elongation diagram of yarn at five cycles per second. J. appl. Phys. **20** (1949) S. 621–626.

[5] DIN 53513, Prüfung von Kautschuk und Gummi. Bestimmung der visko-elastischen Eigenschaften von Gummi bei erzwungenen Schwingungen außerhalb der Resonanz. Dez. 1962.

[6] *Dischka, V.*, Verlustmodul von Einzelfasern. Faserforsch. u. Textiltechn. **11** (1960) S. 73–84.

[7] *Dunell, B. A.*, und *Dillon, J. H.*, The measurement of dynamic modulus and energy losses in single textile filaments subjected to forced longitudinal vibrations. Textile Res. J. **21** (1951) S. 393–403.

[8] *Egner, K.*, Die Prüfung nichtmetallischer Baustoffe. In: *E. Siebel*, Handbuch der Werkstoffprüfung. 3. Bd., 2. Aufl., S. 90, Berlin: Springer 1957.

[9] *Freudenthal, A. M.*, In: Elastisches Verhalten von Werkstoffen. S. 404–415. Berlin: Verlag Technik 1955.

[10] *Fromandi, G.*, The testing and use of rayon for the manufacture of tyres. Proceeding of the second rubber Technology Conference, Cambridge/England (1948) S. 464—477.
[11] *Fujino, K.*, *Kawai, H.*, und *Horino, T.*, Experimental study of the viscoelastic properties of textile fibres. Textile Res. J. **25** (1955) S. 722—737.
[12] *Hesselbarth, K.*, Der Elastizitätsmodul im Rahmen des elasto-plastischen Verhaltens von Gesteinen und Baustoffen. Materialprüfung **4** (1962) S. 325—331.
[13] *Kainradl, P.*, und *Händler, F.*, Eigenschaften von Kautschukvulkanisaten und Cord bei schnellen Verformungen. Kautschuk u. Gummi **5** (1952) S. WT 3—9, 22—27, 38—42.
[14] *Kemmnitz, G.*, Untersuchung der Stauch-Ermüdung und der Dämpfungs-Erscheinung an Reifencord. Kautschuk u. Gummi **12** (1959) S. WT 270—284.
[15] *Kemmnitz, G.*, *Meskat, W.*, und *Meumann, H.*, Eigenschaften von Reifencorden unter dynamischer Zugwechselbeanspruchung. Rheologica Acta **1** (1958) S. 268—274.
[16] *Körber, F.*, und *Krisch, A.*, Die Prüfung metallischer Werkstoffe. In: *E. Siebel*, Handbuch der Werkstoffprüfung, 2. Bd., 2. Aufl., S. 80. Berlin: Springer 1955.
[17] *Lyons, W. J.*, Dynamic properties of filaments, yarns, and cords at sonic frequencies. Textile Res. J. **19** (1949) S. 123—135.
[18] *Lyons, W. J.*, und *Prettyman, I. B.*, Measurement of the dynamic stretch modulus and hysteresis of tire cords. J. appl. Phys. **18** (1947) S. 586.
[19] —, Method for the absolute measurements of dynamic properties of linear structures at sonic frequenties. J. appl. Phys. **19** (1948) S. 473—480.
[20] *McCallion, H.*, und *Davis, D. H.*, Behaviour of rubber in compression under dynamic conditions. Proc. Inst. mechan. Engng. **169** (1955) S. 1125—1132.
[21] *Meskat, W.*, und *Rosenberg, O.*, Dynamische Prüfung von Textilfasern, -fäden und Monofilen. Reyon, Zellwolle and. Chemiefasern **31** (1953) S. 555—562, 617 bis 625.
[22] *Meumann, H.*, Untersuchung an Reifencorden unter dynamischer Zugwechselbeanspruchung. Faserforsch. u. Textiltechn. **11** (1960) S. 444—456.
[23] *Mieck, K. P.*, *Laukner, W.*, und *Stöver, H.*, Untersuchungen über den Einfluß der Fadenzugkraft beim Imprägnieren auf die Gebrauchseigenschaften von Reifencord. Plaste u. Kautschuk **10** (1963) S. 91—97.
[24] *Mieck, K. P.*, und *Stöver, H.*, Zur Untersuchung des Einflusses der Drehungen auf die Gebrauchseigenschaften von Reifencord. Faserforsch. u. Textiltechn. **12** (1961) S. 331—343.
[25] —, Über einige Ergebnisse statischer und dynamischer Cordprüfungen. Faserforsch. u. Textiltechn. **13** (1962) S. 502—511.
[26] *Oberst, H.*, Praktische Kunststoffprüfung. In: *R. Nitsche* und *K. A. Wolf*, Kunststoffe, Bd. 2, Kap. 3. 4. 2. Berlin/Göttingen/Heidelberg: Springer 1961.
[27] *Palandri, G.*, Measurement of hysteresis and dynamic elastic modulus of textile yarns and cords. Rubber Age **64** (1948) S. 45—52.
[28] *Price, S. J. W.*, *McIntyre, A. D.*, *Pattison, J. P.*, und *Dunell, B. A.*, Stress-relaxation and vibrational properties of some fibrous polymers at various conditions of temperature and relative humidity. Textile Res. J. **26** (1956) S. 276—283.
[29] *Stöver, H.*, Zur Dauerwechselzugbeanspruchung von Cordzwirnen. Mitt. Inst. Textiltechnol. Chemiefasern **6** (1962) S. 102—109.
[30] TGL 0—53815, Prüfung von Textilien. Begriffe für den Zugversuch. Juni 1962.
[31] *Wakeham, H.*, und *Honold, E.*, Hysteresis and related elastic properties of tire cords. J. appl. Phys. **17** (1946) S. 698—711.
[32] *Wegener, W.*, Meßgerät für dynamische Dauerstandsuntersuchungen von Garnen nach dem Prinzip der periodisch wiederkehrenden Maximalbelastung und nach dem der cyclisch wiederkehrenden Dehnungsbegrenzung. Melliand Textilber. **32** (1951) S. 604—611.
[33] —, Spannungs-Dehnungseigenschaften einer auf dynamischen Dauerstand beanspruchten Viskosekunstseide. Z. ges. Textilind. **54** (1952) S. 10—14, 71—75, 105—112.
[34] —, Der dynamische Dauerstandsversuch und seine Auswertung. Melliand Textilber. **34** (1953) S. 640—641, 742—745.
[35] —, Festigkeits- und Formänderungseigenschaften, In: *E. Siebel*, Handbuch der Werkstoffprüfung, 5. Bd., S. 395 u. 461, Berlin/Göttingen/Heidelberg: Springer 1960.
[36] —, Dynamische Dauerversuche und Dauerstandsversuche an Cordreyon. Textil-Praxis **16** (1961) S. 386—394.
[37] —, Gebrauchswertprüfungen an Falschdrahtgarnen und an den daraus gefertigten Kettgarnen und Geweben. Z. ges. Textilind. **64** (1962) S. 755—763.
[38] *Wegener, W.*, und *Hoth, E. G.*, Einfluß verschiedener Vor- und Ausdrehungen auf die Festigkeits- und Dehnungseigenschaften von Reifencord. Melliand-Textilber. **41** (1960) S. 804—812.
[39] *Wegener, W.*, und *Thomas, G.*, Dynamische Dauerstandsuntersuchungen an Reifencord bei verschiedenen Temperaturen. Textil-Praxis **12** (1957) S. 29—34.

Eingegangen am 4. Mai 1964

Kurze Mitteilungen[1]

Beitrag zum Thema „Der Vertrauensbereich der Spannungs-Dehnungs-Linien von Polyamidfaserstoffen"

DK 677.494.675:677.494.021.64:539.122.043:539.319

In einer kürzlich erschienenen Arbeit von *H. Busch* [1] wurden für verschiedene Zugkräfte innerhalb der Kraft-Längenänderungs-Linien von Polyamidseiden deren Vertrauensbereiche berechnet. Die Untersuchungsergebnisse, die im Rahmen von umfangreichen Untersuchungen („viele tausend" [1]) an (γ-bestrahlten)[2] Polyamidseiden anfielen, zeigen deutlich, daß der Zusammenhang zwischen dem Vertrauensbereich der Zugkraft und der Zugkraft selbst linear ist (Bild 1).

Bezüglich des Probenmaterials wird gesagt, daß dessen Vorgeschichte nicht bekannt war. Es kann also nicht angegeben werden, welcher Zeitraum zwischen Herstellung und

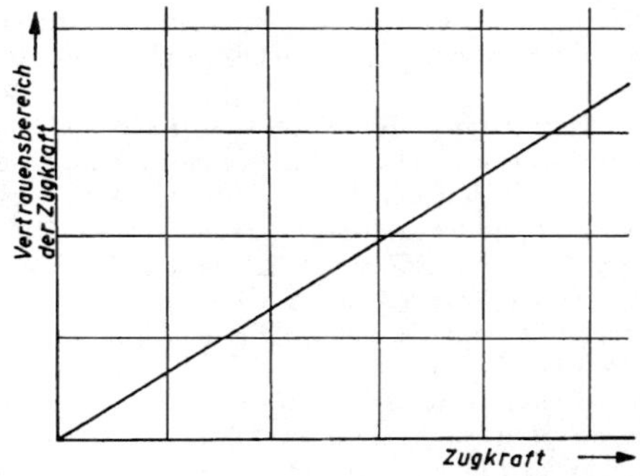

Bild 1. Zusammenhang zwischen Zugkraft P und Vertrauensbereich p der Zugkraft für Polyamidfaserstoffe (schematisch nach [1]).

[1]) Die Veröffentlichung der „Kurzen Mitteilungen" erfolgt unter alleiniger Verantwortung der Verfasser.
[2]) In der oben zitierten Arbeit [1] wird diese Tatsache nicht erwähnt.

Tabelle 1. Zusammenstellung einiger Ergebnisse des Zugversuches an DEDERON-Monofil 2,2 tex. (Die Dosisleistung bei den bestrahlten Proben betrug 1,74 · 10⁵ r/h, wobei Bruchkraft und Bruchdehnung in Abhängigkeit von der Dosis gesetzmäßig abnehmen)

Probe	Dosis [r]	Variationskoeffizient von P_B [%]	Variationskoeffizient von δ_B [%]
unbestrahlt, 6 Monate nach der Herstellung geprüft	—	6,60	15,37
unbestrahlt, 24 Monate nach der Herstellung geprüft	—	3,43	8,80
3 Monate nach der Herstellung bestrahlt, 6 Monate nach der Herstellung geprüft	$2,3 \cdot 10^6$	6,90	12,90
	$4,5 \cdot 10^6$	3,20	5,16
	$9,4 \cdot 10^6$	1,70	6,18
3 Monate nach der Herstellung bestrahlt, 24 Monate nach der Herstellung geprüft	$2,3 \cdot 10^6$	2,00	6,37
	$3,8 \cdot 10^6$	4,05	6,65
	$9,4 \cdot 10^6$	1,28	3,12

Bestrahlung bzw. zwischen Herstellung und Untersuchung der Proben lag.

Aus dem linearen Zusammenhang zwischen Vertrauensbereich der Zugkraft und Zugkraft entsprechend Bild 1 folgt, daß der Variationskoeffizient der Zugkraft innerhalb der Spannungs-Dehnungs-Linie konstant ist.

Im Rahmen umfangreicherer eigener Untersuchungen[3]), die ebenfalls an γ-bestrahlter unfixierter Polyamidseide (DEDERON-Monofil 2,2 tex) durchgeführt wurden, konnten die von *H. Busch* gefundenen Ergebnisse nur bedingt bestätigt werden.

Einige Ergebnisse der eigenen Arbeiten sind — soweit sie für vorliegende Fragestellung interessieren — in den Tabellen 1 bis 3 zusammengestellt.

Aus den in Tabelle 1 angegebenen Werten folgt, daß die Variationskoeffizienten sowohl der Bruchkraft P_B als auch der Bruchdehnung δ_B bei den bestrahlten Proben unter dem der unbestrahlten Probe liegen (bei großen Bestrahlungsdosen sogar erheblich), wenn die Zeit zwischen Herstellung und Bestrahlung bzw. Bestrahlung und Untersuchung klein gehalten wird. Lagert man die Proben über einen längeren Zeitraum bei völliger Lichtabwesenheit (zur Verhinderung der Lichtalterung) und bestimmt dann wieder den Vertrauensbereich von Bruchkraft und Bruchdehnung, so stellt man fest, daß jetzt die Variationskoeffizienten nicht mehr so große Unterschiede aufweisen und im allgemeinen tiefer liegen als bei den ersteren Messungen.

Die Diskrepanz zwischen den Untersuchungen von *H. Busch* und den eigenen Untersuchungen kann nur folgende Gründe haben.

Bei der Herstellung der Fasern entstehen durch den Streckprozeß starke mechanische Beanspruchungen an den Kristallitbrücken, die nach *A. Sippel* [2] den Ausgangspunkt des späteren Zerreißvorganges darstellen. Die Häufigkeit solcher verspannter „Scharniere“ [2] wird sicher wesentlich durch den Verstreckprozeß selbst bestimmt. Ein Lagern der Proben verursacht einen Ausgleich dieser Spannungen, so daß der Variationskoeffizient absinkt. Ein beschleunigtes Ausgleichen der Spannungen an den Kristallitbrücken kann, wie aus vorliegenden Untersuchungen folgt, durch Einwirkung energiereicher Strahlung erreicht werden. Bei den Untersuchungen von *H. Busch* konnte diese Tatsache sicher nicht beobachtet werden, weil der Zeitraum zwischen Herstellung der Fasern und deren Untersuchung zu groß war und sich die bestehenden Spannungen von selbst abgebaut hatten.

[3]) Über spezielle Ergebnisse wird demnächst zu berichten sein.

Tabelle 2. Variationskoeffizienten von Bruchkraft P_B und Bruchdehnung δ_B von unverstrecktem DEDERON-Monofil. (Die Bruchkraft- und Bruchdehnungsabnahme ist auf den Einfluß von γ-Strahlen zurückzuführen)

Bruchkraft [p]	Variationskoeffizient der Bruchkraft [%]	Bruchdehnung [%]	Variationskoeffizient der Bruchdehnung [%]
105	9,3	390	5,1
89,5	9,6	398	8,85
75	12,0	330	8,0
65	9,45	300	7,65
41	6,8	223	7,4

Tabelle 3. Variationskoeffizienten der Doppelbiegungen bis zum Bruch von DEDERON-Monofil 2,2 tex

Dosis [r]	Variationskoeffizient der Doppelbiegungen bis zum Bruch [%]
0	129
$5,22 \cdot 10^5$	104
$1,91 \cdot 10^6$	101
$3,83 \cdot 10^6$	90
$9,40 \cdot 10^6$	76

Aus den Untersuchungen von unverstrecktem Material folgt, daß die Spannungen tatsächlich durch den Streckprozeß in das Fasermaterial gebracht werden, da die Variationskoeffizienten von Bruchkraft und Bruchdehnung hier praktisch konstant sind (Tabelle 2). Interessant ist hierbei, daß der Variationskoeffizient der verstreckten Proben kleiner als der der unverstreckten sein kann.

Ein Absinken des Variationskoeffizienten durch Einwirkung energiereicher Strahlung kann jedoch nicht nur bei der Bruchkraft und der Bruchdehnung beobachtet werden; auch bei der Bestimmung der Biegefestigkeit (Doppelbiegungen bis zum Bruch der Probe) tritt dieser Befund offensichtlich zutage (Tabelle 3).

Zusammenfassend kann gesagt werden, daß der Variationskoeffizient verschiedener textilphysikalischer Eigenschaften von Polyamidfaserstoffen in Abhängigkeit von der Lagerungszeit absinkt und offenbar einem bestimmten Endwert zustrebt, wobei dieses Absinken des Variationskoeffizienten auf einem Ausgleichen der inneren Spannungen beruht und durch Einfluß energiereicher Strahlen beschleunigt werden kann.

Literatur

[1] *Busch, H.*, Der Vertrauensbereich der Spannungs-Dehnungs-Linien von Polyamidfasern. Z. ges. Textilind. **65** (1963) 12, S. 1014—1016.

[2] *Sippel, A.*, Gesetzmäßigkeiten beim Abbau von Textilfasern durch energiereiche Strahlung und Wärme. Melliand Textilber. **38** (1957) 8, S. 898—904.

Adolf Heger

Institut für Textiltechnik
der Technischen Universität Dresden

Eingegangen am 31. März 1964

Die Textiltechnische Frühjahrstagung der VDI-Fachgruppe Textiltechnik (ADT)

DK 061.3.055.1:677(430.1)

Am 16. und 17. April fand in Wuppertal die Frühjahrstagung der VDI-Fachgruppe Textiltechnik (ADT) statt, die von etwa 550 Teilnehmern besucht war. Der Vorsitzende der Fachgruppe konnte diesmal in seiner Eröffnungsansprache neben etwa 40 ausländischen Besuchern aus Dänemark, Frankreich, Jugoslawien, den Niederlanden, Österreich, der Schweiz und Ungarn auch vier Fachkollegen aus der DDR begrüßen. Obwohl es sich in den letzten Jahren eingebürgert hatte, die Tagungen unter einem Generalthema durchzuführen, wurde diesmal davon abgegangen. Im Vordergrund standen Themen der Entwicklung und des Einsatzes von Chemiefaserstoffen sowie der Verringerung der Selbstkosten durch richtige Kostenplanung, bessere Arbeitsorganisation und verstärkte Automation. Daneben wurden auch einige Grenzfragen, wie Schallschutz und Schwingungsdämpfung in Webereigebäuden behandelt. Mit Ausnahme dieser beiden Themen wird nachstehend kurz über die gehaltenen Vorträge berichtet.

Dr. H.-J. Studt, Wuppertal

„Die Bedeutung der endlosen Chemiefasern für die Textilmaschinen und die Textilindustrie"

Der Vortragende begann seine Ausführungen mit einem Überblick über die Geschichte der Entwicklung der Chemiefaserstoffe, an deren Anfang die Chemieseiden standen. Sie sollten ursprünglich nur als Ersatz für die Naturseide dienen. Die später entwickelten Chemiefasern mußten zunächst auf den für Naturfasern üblichen Maschinen verarbeitet und in ihren Verarbeitungseigenschaften diesen Maschinen angepaßt werden. Erst im Laufe der Jahrzehnte wurden spezielle Verarbeitungsmaschinen für Chemiefaserstoffe entwickelt und auf die Forderungen der inzwischen hochgezüchteten Chemiefaserstoffe — die auch beim Endverbraucher nicht mehr als Ersatz für fehlende Naturfaserstoffe angesehen werden — abgestimmt. Durch ihre spezifischen Eigenschaften eroberten sich bestimmte Arten der Chemiefaserstoffe spezielle Einsatzgebiete, wie z. B. Polyamidseide den Damenstrumpfsektor oder technische Viskoseseide den Reifencordsektor. Im Laufe der Jahre wurden die technologischen Eigenschaften der Chemiefaserstoffe variiert und verbessert und damit — speziell bei Synthesefaserstoffen — eine immer bessere Anpassung an die Gebrauchsforderungen erzielt. Durch die Erhöhung der Festigkeit, der Gleichmäßigkeit der Feinheit, der Fadenreinheit und anderer Eigenschaftswerte war es möglich, nicht nur die Arbeitsgeschwindigkeiten zu erhöhen, sondern auch die Fehlerhaftigkeit zu vermindern. Es ergaben sich aber daraus auch Konsequenzen für den Textilmaschinenbau, weil nicht nur eine höhere Präzision der Maschinen, sondern teilweise ganz neue konstruktive Lösungen gefordert werden mußten. Durch diese fortschreitende Entwicklung in der Textilindustrie ergaben sich große Möglichkeiten, immer mehr Artikel zu schaffen, die den Forderungen des Endverbrauchers nach Pflegeleichtigkeit und Gebrauchstüchtigkeit entsprechen. Diese Entwicklung wird in Zukunft durch den Bau großer Forschungslaboratorien in der Chemiefaserindustrie noch beschleunigt werden. Um die gesteckten Ziele zu erreichen, wird aber eine immer bessere Zusammenarbeit zwischen Chemiefaser-, Textil- und Textilmaschinenindustrie notwendig werden.

Prof. Dr.-Ing. H. Köb, Bobingen

„Gedanken zur Weiterentwicklung der Chemiespinnfasern"

Trotz der Sorgen der westdeutschen Textilindustrie und der sich daraus ergebenden bedenklichen Meinungsbildung zur konjunkturellen Lage der Textilwirtschaft im allgemeinen und der Spinnereien im besonderen blickt der Vortragende weit weniger pessimistisch in die Zukunft als mancher seiner Kollegen. In seinen Ausführungen weist er nach, daß von einer gesunden Sparte Spinnerei die Weiterentwicklung der Chemiefasern entscheidend abhängt. Er untersuchte, von wem hierfür die Impulse ausgehen können und welche Gründe auch weiterhin für eine Beibehaltung der Spinnereitechnologie neben der Verarbeitung von vor allem texturierter Chemieseide sprechen. Besonders wird hierbei auf die vielen Möglichkeiten eingegangen, die sich durch die Mischverarbeitung der Chemiefasern mit Naturfasern ergeben und die eine besonders gute Anpassung an die Forderungen des Gebrauchs bedingen. Als Voraussetzung für eine Betrachtung der weiteren Entwicklungsmöglichkeiten in bezug auf neue Faserstoffarten oder der Verbesserung der bereits bekannten und eingeführten Typen wird eine allgemeinverständliche Skizzierung der Zusammenhänge des Faseraufbaues gegeben. Der Vortragende spricht die Vermutung aus, daß in nächster Zeit nur mit Modifikationen im Hinblick auf verbesserte Anfärbbarkeit und erweiterte Pflegeleichtigkeit zu rechnen ist. Er sagt den Chemiefasern wegen der Zunahme der Weltbevölkerung und der Steigerung ihres Lebensstandards eine gesicherte Zukunft voraus.

Direktor Ing. R. Siegl, Dornbirn

„Die Automation in der Baumwollspinnerei, ihr Weg — unser Standpunkt"

Anknüpfend an den Stand der Technik, wie ihn die Textilmaschinen-Ausstellung im Herbst 1963 in Hannover zeigte, ging der Vortragende zunächst auf die Fortschritte gegenüber früheren Textilmaschinen-Ausstellungen ein. Sein besonderes Augenmerk galt dabei der Automation. Er erläuterte, welche Gesichtspunkte für spätere Planungen mit Rücksicht auf das angestrebte Ziel zu beachten sind, welche Erwartungen an neue Textilmaschinen geknüpft werden und wie diese Maschinen beurteilt werden können. In seinen weiteren Ausführungen erläuterte der Vortragende die neueren Konstruktionen für die Vor- und Feinspinnerei in allen Einzelheiten und wog ihre Vor- und Nachteile unter Berücksichtigung ihrer Wirtschaftlichkeit gegeneinander ab.

Oberstudiendirektor Dr. E. Wedekind, Krefeld

„Die Kostenplanung in der textilen Fertigung"

Im Gegensatz zu der bisher bekannten rückschauenden Zeiterfolgsrechnung kennt die Kostenplanung als eine vorausschauende Zeitabschnittsrechnung eine Reihe von zusätzlichen Kostenbegriffen. Da sie zum Verständnis der Ziele des neuen Rechnungsverfahrens notwendig sind, wurden sie vom Vortragenden im einzelnen erläutert.

Dr. R. Klinke, Rheydt

„Die Auftragsorganisation bei wechselnder Fertigung in der Spinnerei"

Ausgehend von den Formen und der Bedeutung der statischen Organisation behandelte der Referent die Auftragsorganisation in der Spinnerei. Sie umfaßt die Planung, Steuerung und Überwachung der betrieblichen Aufträge aller Funktionsbereiche einer Spinnerei vom Absatz über die Lagerung der Garne, die Fertigung in den einzelnen Arbeitsbereichen bis zur Lagerung der Rohstoffe. Bei wechselnder Fertigung können hierbei besondere Probleme hinsichtlich der zeitlichen Kombination der Produktionsfaktoren Werkstoff, Betriebsmittel und Arbeit hervorgerufen werden. Der Vortragende ging deshalb in allen Einzelheiten auf die Planung, Steuerung und Überwachung der Aufträge vom Eingang der Kundenbestellung bis zum Versand ein. Dabei wurde der optimalen Abstimmung der Produktionsfaktoren bei Spinnereien mit wechselnder Fertigung besondere Beachtung geschenkt. Schließlich wurden Vorschläge gemacht, wie die technischen Organisationsmittel zur Steuerung der Aufträge bei wechselnder Fertigung eingesetzt werden können.

Direktor Dipl.-Ing. Th. Hensen, Wuppertal

„Anwendungsgebiete für texturierte Garne"

Wohl selten ist auf einem Teilgebiet der Textilindustrie die Entwicklung so stürmisch vorangegangen wie in den letzten Jahren auf dem der texturierten Seiden. Durch die sich im Vergleich zu glatten Seiden ergebenden völlig neuen Eigenschaften haben die synthetischen Seiden in Gebiete

FA „Textilterminologie" der Kammer der Technik	**Faserstoffmischungen** Begriffe Schreibweise	4. Mitteilung Juni 1963

Der FA „Textilterminologie" hat die nachstehenden Begriffsfestlegungen bestätigt und zur Veröffentlichung freigegeben. Ihre Anwendung im gesamten wissenschaftlichen und technischen Sprachgebrauch sowie im Schrifttum und in Standards wird empfohlen.

1. Begriffe

1.1. Mischungsverhältnis

Das Mischungsverhältnis der in einer Faserstoffmischung enthaltenen Faserstoffanteile ist ein Masseverhältnis. Die Masseanteile sind auf den Handelszustand[1]) des jeweiligen Faserstoffes zu beziehen und in Prozenten der Gesamtmasse anzugeben.

1.2. Nenn-Mischungsverhältnis

Das für textile Erzeugnisse handelsüblich angegebene Verhältnis der Faserstoffanteile.

1.3. Soll-Mischungsverhältnis

Das für textile Erzeugnisse geforderte Verhältnis der Faserstoffanteile, von dem Abweichungen innerhalb vereinbarter Grenzen zulässig sind.

1.4. Ist-Mischungsverhältnis

Das durch Analyse ermittelte Verhältnis der Faserstoffanteile.

2. Schreibweise

Zur Kennzeichnung der Zusammensetzung von Faserstoffmischungen sind die Prozentsätze der Faserstoffanteile und der Name[2]) oder das Kurzzeichen[3]) des jeweiligen Faserstoffes anzugeben; die einzelnen Mischungskomponenten sind durch Schrägstrich voneinander zu trennen.

Nach Bedarf können der Faserstoffbezeichnung noch nähere Angaben, wie Provenienz, Typ, Feinheit, hinzugefügt werden.

Gewebe, die in Kette und Schuß aus Fäden verschiedener, jedoch unvermischter Faserstoffe bestehen, sind nach TGL 0—53856 zu bezeichnen.

Beispiele

Nenn- oder Soll-Mischungsverhältnis einer Faserstoffmischung aus 55% Polyamidfaser (DEDERON) und 45% Wolle (Merino):

55 Polyamidfaser/45 Wolle
55 Polyamidfaser (DEDERON)/45 Wolle (Merino)
55 PAF/45 Wo
55 PAF (DEDERON)/45 Wo (Merino)

Ist-Mischungsverhältnis einer Faserstoffmischung, deren Faserstoffanteile unter Berücksichtigung der Handelszuschläge nach TGL 7112 mit 65,9% Baumwolle und 34,1% Viskosefaser festgestellt wurden:

Ist 65,9 Baumwolle/34,1 Viskosefaser
Ist 65,9 Bw/34,1 VIF

Der Zusatz „Ist" kann entfallen, wenn Verwechslungen mit dem Nenn- oder Soll-Mischungsverhältnis ausgeschlossen sind.

[1]) Ofentrockene Masse zuzüglich Handelszuschlag nach TGL 7112.

[2]) In Verbindung mit den Gattungsnamen, z. B. Polyamidfaser, Wolle, können auch, falls zur Unterscheidung erforderlich, Handelsnamen, wie DEDERON, Merino, verwendet werden.

[3]) Kurzzeichen für Naturfaserstoffe nach TGL 0-60001, für Chemiefaserstoffe nach TGL 4852 und TGL 4853.

Anmerkung: Die in dieser Mitteilung enthaltenen Begriffsfestlegungen sind standardisiert worden (Fachbereich-Standard TGL 16–650015, Ausgabe April 1964).

Eingang gefunden, die ihnen bisher vollständig verschlossen waren. Dies ist einerseits auf die ihnen eigene leichte Pflegbarkeit, zum anderen auf den durch die Texturierung erzielten Tragekomfort zurückzuführen, der zu einer Umwälzung in den Konsumgewohnheiten breiter Verbraucherschichten führte. Der Vortragende wies vor allem darauf hin, daß diese Entwicklung erst in ihren Anfängen steht und ihr volles Ausmaß noch gar nicht abzuschätzen ist. Ohne auf die Texturierverfahren selbst einzugehen, zeigte er, auf welchen Gebieten und auf welchen Maschinen die verschiedenen Texturseiden eingesetzt werden. Dabei sind ihre spezifischen Eigenschaften (z. B. hochelastische Bauschseiden oder Bauschseide mit reduzierter Dehnbarkeit) besonders zu berücksichtigen, um Verarbeitungsschwierigkeiten aus dem Wege zu gehen und Qualitätsmängel des Fertigerzeugnisses zu vermeiden. Zum Schluß gab der Referent einen Überblick über die bisherige Mengenentwicklung in den USA und in der Bundesrepublik und zeigte, welche Entwicklungstendenzen auf den verschiedenen Märkten und in den verschiedenen Einsatzgebieten für Texturseiden zu erwarten sind.

Dr. H. Scherzberg, Dormagen

„Gebauschte Endlosfäden mäßiger Elastizität aus Perlon und Polyacrylnitril"

Auch in der Bunderepublik findet von den verschiedenen bekannten Verfahren zur Herstellung von Texturseiden das Falschdrahtverfahren immer mehr Interesse. Durch entsprechende Variationen ist es möglich, sowohl hochelastische voluminöse Kräuselseiden des Typs Helanca — die seit Jahren mit gutem Erfolg für elastische Damenstrümpfe, Herrensocken, Badeanzüge, elastische Gewebe und anderes Verwendung finden — als auch mäßig elastische Kräuselseiden herzustellen. Letztere finden vor allem im Oberbekleidungssektor mehr und mehr Anhang, weil es dort mehr auf Voluminösität, Formbeständigkeit, Griff und Aussehen der Ware als auf hohe Elastizität ankommt. Der Vortragende ging dann auf systematische Untersuchungen über das Schrumpfverhalten verstreckter Polyamid- und Polyacrylnitrilseiden ein, wie es bei Behandlung mit Heißluft, Sattdampf oder Heißwasser auftritt. Am Beispiel von Gestricken aus falschdraht-gekräuselten Polyamid- und Polyacrylnitrilseiden wurde der Einfluß der Kräuselelastizität auf die Gestrickdichte, die Dicke, das Arbeitsvermögen, den Griff und das Aussehen erläutert. Leider waren die dazu gezeigten Diapositive oft überladen, so daß sie im Rahmen eines Vortrages kaum zum besseren Verständnis beitragen konnten. Abschließend wurde gezeigt, wie durch Änderung der Kräuselungs- und Nachbehandlungsbedingungen eine bestimmte Kräuselelastizität eingestellt werden kann.

Obering. E. Meinicke, Rheydt

„Automatisierung in der Putzerei"

Um bei einem Mindestaufwand an Arbeitskräften einen gleichbleibenden Arbeitsablauf bei gleichzeitiger Qualitätsverbesserung zu erzielen, sind in den letzten Jahren in der

FA „Textilterminologie" der Kammer der Technik	**Erzeugnisse der Spinnereivorbereitung** Begriffe	5. Mitteilung Juni 1963

Der FA „Textilterminologie" hat die nachstehenden Begriffsfestlegungen bestätigt und zur Veröffentlichung freigegeben. Ihre Anwendung im gesamten wissenschaftlichen und technischen Sprachgebrauch sowie im Schrifttum und in Standards wird empfohlen.

Nr.	Benennung	Erläuterung
1.	Vlies	Infolge natürlicher Haftung zusammenhängende Faserschicht.
1.1.	Wickelwatte	Vlies der Schlagmaschine. Geöffnete, wieder verdichtete und vergleichmäßigte Faserschicht, ohne bevorzugte Richtung der Fasern (Fasern in Wirrlage).
1.2.	Flor	Bis zur einzelnen Faser geöffnete Faserschicht, z. B. durch Kardieren entstandenes dünnes Vlies mit nur teilweise ausgerichteten Fasern (Krempelflor, Kardenflor; früher auch: „Kardenvlies").
1.3.	Pelz	Aus mehreren übereinanderliegenden Floren bestehendes Vlies.
2.	Faserband	Linienförmiges verzugsfähiges Gebilde, meist ohne Drehung, aus in Längsrichtung orientierten Fasern.
2.1.	Konverterband	Aus Spinnkabel (Elementarfadenkabel) z. B. durch Reißen und/oder Schneiden entstandenes Faserband (früher auch „Spinnband").
2.2.	Krempelband, Kardenband	Durch Zusammenfassen und Verdichten des Krempel- oder Kardenflores entstandenes Faserband.
2.3.	Streckenband	Faserband nach dem Strecken.
2.4.	Kämmaschinenband	Faserband nach dem Kämmen.
2.5.	Kammzug	Gekämmtes, gefachtes und gestrecktes Faserband (Endprodukt der Wollkämmerei bzw. Vorlage für die Kammgarnspinnerei).

Anmerkung: Die in dieser Mitteilung enthaltenen Begriffsfestlegungen sind standardisiert worden (TGL 16–650016, Ausgabe April 1964).

Putzerei große Anstrengungen gemacht worden. Der Vortragende ging daher ausführlich auf die dafür zur Verfügung stehenden Methoden, wie Öffnung, Mischung, Dosierung, Reinigung, Wickelbildung und Kardenbeschickung, und die erforderlichen Einrichtungen ein. Die Methoden am Anfang und am Ende des Putzereiprozesses sind dabei von besonderem Interesse, weil das Bedienungspersonal nicht nur immer größere Arbeitserleichterungen erhalten, sondern auch immer weniger Einfluß auf die Qualität der Mischung nehmen soll. Schließlich weist der Referent darauf hin, daß das gleiche auch für die automatische Wickelablieferung und die Direktbeschickung der Karden gilt.

Oberbaurat Dipl.-Ing. H. Stutz, Riederich

„Ansatzpunkte zur Automatisierung in der Baumwoll-Feinspinnerei"

Dieser Vortrag stellte den Anschluß an den vorigen dar und behandelte die sich heute abzeichnenden Möglichkeiten zur Automatisierung der Feinspinnerei von der Karderie bis zur Spulerei. Als Vorstufen der Automation wurden dabei eingangs einige Entwicklungen bei den klassischen Verfahrensstufen, z. B. an Strecken, Flyern und Ringspinnmaschinen, besprochen. Den Hauptteil des Vortrages bildete die Besprechung der nächsten Entwicklungsstufe, nämlich der Zusammenziehung bisher selbständiger Teilprozesse bzw. der Ausschaltung einzelner Zwischenprozesse. In allen Einzelheiten wurde dabei auf die bisher entwickelten konstruktiven Lösungen, z. B. die verschiedenen Cops-Abziehverfahren oder die Kombination Ringspinnen—Spulen, eingegangen. Besonderer Wert wurde vom Autor darauf gelegt, nicht nur die technische, sondern auch die wirtschaftliche Seite der Automation zu beleuchten.

Bekleidungsing. D. Heßland, Obertshausen

„Verarbeitung von Maschenwaren in Herrenbekleidung, Damenbekleidung und Wäsche"

Nachdem lange Zeit die Maschenwaren nur vom Hersteller des Gewirkes oder Gestrickes konfektioniert wurden, nimmt sich jetzt die Bekleidungsindustrie in verstärktem Maße dieser Aufgabe an. Sie folgt damit dem Trend nach bequemer und pflegeleichter Oberbekleidung. Der Vortragende geht ausführlich auf die materialbedingten Forderungen ein. Es ist schon bei der Modellentwicklung auf die Eigenschaften der Maschenwaren Rücksicht zu nehmen. Die üblichen Arbeitsgänge, wie Zuschneiden, Nähen und Bügeln, können dann im wesentlichen mit den aus der Gewebekonfektion bekannten Maschinen durchgeführt werden, wenn Kettenstich-, Sicherheitsstich- und Überwendling-Nähmaschinen zur Verfügung stehen.

Bekleidungsing. H. Steuckert, Mönchengladbach

„Stand der Stanztechnik in Zuschnitt und Einrichterei"

Durch die Verwendung von Stanzen in der Zuschneiderei kann viel Arbeitszeit eingespart werden. Allerdings ist der Investitionsaufwand und manchmal auch der Materialverbrauch höher. Die Wirtschaftlichkeit ist also genau zu prüfen, wobei allerdings besonders darauf hingewiesen wurde, daß viele Faktoren, wie z. B. Schnitt-Genauigkeit, Schnelligkeit und leichte Erlernbarkeit, für den Einsatz des Stanzens sprechen. In letzter Zeit bieten nun die sogenannten Bandstahlmesser — die aus angeschliffenem Bandstahl bestehen und in den Betrieben durch Kaltverformung selbst zu Stanzmessern verformt werden können — weitere Anreize zur Einführung der Stanztechnik.

Textiling. W. Groß, Wuppertal

„Wechselnde Mehrmaschinenbedienung und ihre Entlohnungsformen in Wirkerei und Strickerei"

Der Vortragende ging auf die Probleme der Entlohnung ein, die entstehen, wenn durch Kleinaufträge bedingt, die Maschinen häufig auf andere Artikel umgerüstet werden müssen. Da die Anzahl der zu bedienenden Maschinen, also die Größe des Arbeitsplatzes, zu einem großen Teil von der Art der Artikel abhängt, müßte zur vollen Auslastung des Bedienungspersonals laufend die Größe des Arbeitsplatzes geändert werden. Die sich aus dieser Situation ergebende Entwicklung der Mehrstellenarbeit wurde vom Vortragenden aus der Sicht des Sachbearbeiters im Betrieb und unter Berücksichtigung einer optimalen Produktion dargestellt.

F. Winkler

Neue Bücher

Lagerhaltung und Konjunkturverlauf in der Textilwirtschaft. Von *K. Hoffarth.* Forschungsberichte des Landes Nordrhein-Westfalen. Nr. 1234. Köln und Opladen: Westdeutscher Verlag 1963. 127 S. 8° Kart. DM 52,—.

In dieser Arbeit werden für den Bereich der Textilwirtschaft der Bundesrepublik die Existenz von Lagerzyklen für den Zeitraum von 1950 bis 1960 nachgewiesen, deren Verlauf sowie die Auswirkungen auf den Konjunkturverlauf analysiert, die Bedingungen für das Wirksamwerden des Lagerzyklus herausgearbeitet und die in der Sicht des Verfassers stehenden Möglichkeiten der Beeinflussung des Lagerzyklus im Interesse der Stabilisierung der Konjunktur entwickelt.

Nach Schilderung der Quellen und Angabe des angewendeten statistischen Verfahrens folgt eine Auseinandersetzung mit den Lehrmeinungen über die Lagerhaltung der freien Marktwirtschaft, die innerhalb der Konjunkturtheorie der kapitalistischen Wirtschaft vertreten werden, wobei deren Anwendung für den speziellen Untersuchungsgegenstand bezweifelt wird. Es werden dann die Lagerbewegungen in der westdeutschen Textilwirtschaft, sofern hierfür statistisches Material vorlag bzw. erschlossen werden konnte, dargestellt, und zwar für

den Textileinzelhandel (gesamt und für einzelne Fachsparten getrennt),

den Textilgroßhandel,

die Bekleidungsindustrie,

die Textilveredlungsindustrie (es wurde nur der Textildruck berücksichtigt)

und die Textilindustrie.

Letztere wurde in die Produktionsstufen der Weberei und der Spinnerei aufgegliedert, wobei auch deren wichtigste Sparten berücksichtigt wurden. Insbesondere für die Textilindustrie wurden in übersichtlicher Weise mit Hilfe tabellarischer und graphischer Darstellungen folgende statistischen Merkmale erfaßt: Auftragseingang, Eingangslager (Rohstoffe), Produktion, Ausgangslager (Fertigerzeugnisse) und Versand. Im Anschluß daran wurden die Lagerbewegungen auf den einzelnen Stufen der Textilwirtschaft vergleichend analysiert.

Hiernach folgen die Lagerbewegungen auf den einzelnen Stufen der Textilwirtschaft mehr oder weniger einer Tendenz; es sind u. a.

auf allen Stufen die Schwankungen der Fertigwarenbestände stärker als die des Umsatzes,

die Veränderungsraten der Fertigwarenbestände im Einzelhandel am geringsten und in den konsumentfernten Stufen (z. B. Spinnerei) am größten und

die Extremwerte der Bestands-Veränderungsraten in den einzelnen Stufen zeitlich verschoben, wobei die Extremwertverschiebung in den konsumentfernten Stufen am größten ist.

Nach der Beweisführung für die Existenz von zyklischen Veränderungen, insbesondere der Lagerhaltung der Fertigerzeugnisse, stellt der Autor Betrachtungen über die Entstehungsursachen dieser ökonomischen Erscheinung an, die monokausal nicht zu klären sind.

Er führt den Lagerzyklus neben Veränderungen der Endnachfrage, die durch Modevariationen, Witterungsschwankungen und zeitweilige Verschiebungen der Nachfragestruktur bedingt sind, auf die Notwendigkeit der Produktionsanpassung zurück. Diese wird durch die notwendigen Informationszeiten über die Stufen der Textilwirtschaft hinweg und durch eine technisch und wirtschaftlich bedingte Unelastizität der Produktionssteuerung erklärt.

Infolge des engen Zusammenhangs zwischen Lagerzyklus und Konjunkturverlauf wird es im Interesse einer Stabilisierung des letzteren für zweckmäßig gehalten, die Auftragsfertigung in der Textilwirtschaft zu verstärken und die vertikale Betriebsintegration bzw. Kooperation auszubauen.

Berechnungsversuche zur Trennung der Lagerbestände in einen gewünschten und ungewünschten Teil beschließen die Arbeit.

Diese Schrift ist für alle diejenigen lesenswert, die sich einen Überblick über die Bewegungen in der westdeutschen Textilwirtschaft verschaffen wollen. Obwohl den Deutungsversuchen nicht in allen Punkten gefolgt werden kann — zumal die sozialökonomische Kausalität und die Folgerungen hieraus überhaupt nicht behandelt werden — sind in dieser Arbeit auch für unser Wirtschaftssystem interessante Aspekte enthalten, wie z. B. die Möglichkeit der Umlaufmittelverringerung durch einen umfassenderen und schnellen Informationsfluß und die Erhöhung der Elastizität der Produktion.

G. Wiedemann

Berichtigung

zu dem Aufsatz von *G. P. de Beer* in Faserforschung und Textiltechnik **15** (1964) 4, S. 145—147.

Auf Seite 145: Gleichung (2) muß heißen

$$B(0)_{\text{ideal}} = \frac{1 + 4V_d^2}{n}$$

Auf Seite 145 vierte und fünfte Zeile unter Gleichung (2): es muß heißen

. . . . ., allerdings mit l/n an Stelle von $B(0)_{\text{ideal}}$; . . . . .

Patentschau

Auszug aus Lieferung 11/12/1964 der Patentschau „Faserstoffe und Textiltechnik", Ausgabe A: Faserstoffe einschl. Kunststoffe und organ. Grundsubstanzen, zusammengestellt von der Abteilung Wissenschaftliches Berichtswesen des Instituts für Faserstoff-Forschung der DAW, Teltow-Seehof, Kantstr. 55

Die Patentschau ist nach der deutschen Patentklasseneinteilung gegliedert. Es bedeuten: DDP = DDR-Patent; DBP = Deutsches Bundespatent; DAS = (West)-Deutsche Auslegeschrift; OeP — Österreichisches Patent; SzP — Schweizer Patent; FrP = Französisches Patent; GBP = Britisches Patent; SvP = Schwedisches Patent; SUP = Sowjetisches Patent; ČSP = Tschechisches Patent; USP = Amerikanisches Patent; — A = Anmelde-, B = Bekanntmachungs-, E = Erteilungsdatum.

Klasse 29a

FrP 1357278. Künstliche Fasern mit hydrophiler Oberfläche und Verfahren zu ihrer Herstellung. Inh.: Rasmussen, O. B. A. 10. 5. 63, E. 24. 2. 64. Int. Kl.: D 01 f. A.-Z.: 934444. Prior.: 11. 5. 62 (Da; A.-Z.: 2136/62).

FrP 1358093. Künstliche und synthetische Fasern mit profilierten Querschnitten. Inh.: Snia Viscosa Società Nazionale Industria Applicazioni

Viscosa S.p.A. A. 27. 5. 63, E. 2. 3. 64. Int. Kl.: D 01 d. A.-Z.: 936151. Prior.: 29. 5. 62 (It; A.-Z.: 10654/62).

ČSP 110563. Vorrichtung zum Verstrecken und Aufspulen. Erf.: *L. Brázda* u. *M. Procházka.* 7. 11. 62/15. 10. 63/15. 4. 64. Kl.: 29 a, 6/07. A.-Z.: 6271/62.

ČSP 110188. Spinndüse für Chemiefasern. Erf.: *L. Synek, J. Kubaský, E. Wiesner* u. *C. Koloman.* 10. 12. 62/15. 9. 63/15. 3. 64. Kl.: 29 a, 6/10. A.-Z.: 6932/62.

ČSP 110100. Spulengatter für Textilmaschinen. Erf.: *Z. Zapletal* u. *M. Kaspar.* 6. 6. 62/15. 9. 63/15. 3. 64. Kl.: 29 a, 6/13. A.-Z.: 3461/62.

USP 3028626. Naßspinnapparatur. Erf.: *M. Sonnino.* Inh.: American Cyanamid Co., New York, N. Y. A. 3. 5. 60, E. 10. 4. 62. Kl.: 18−8, 9 Anspr. A.-Z.: 26477.

DAS 1165805. Vorrichtung zur Herstellung eines Kräuselkreppzwirnes, insbesondere aus synthetischen Fäden oder Fadenbündeln. Erf.: *E. Hamel.* Anm. Hamel Projektierungs- und Verwaltungs-AG, Horn, Thurgau (Sz). A. 17. 11. 58, B. 19. 3. 64. Kl.: 29 a, 6/20. A.-Z.: H 34832.

ČSP 110359. Verfahren zur Herstellung linearer Gebilde aus chemischen Polymeren mit breiter Möglichkeit der Veränderung und Modifizierung der Eigenschaften. Erf.: *J. Moracev* u. *F. Kamas.* 11. 11. 61/15. 10. 63/15. 4. 64. Kl.: 29 a, 6/20. A.-Z.: 6639/61.

ČSP 110471. Stauchkammer für eine Maschine zur Kräuselung von Bündeln aus Kunstfasern. Erf.: *M. Čech.* 26. 6. 62/15. 10. 63/15. 4. 64. Kl.: 29 a, 6/20. A.-Z.: 3879/62.

ČSP 110596. Verfahren und Vorrichtung zum Formen thermoplastischer Fasern. Erf.: *K. Bous.* 30. 12. 62/15. 10. 63/15. 4. 64. Kl.: 29 a, 6/20. A.-Z.: 7359/62.

USP 3024516. Vorrichtung zum Behandeln von Seide. Erf.: *J. E. Bromley* u. *W. H. Hills.* Inh.: The Chemstrand Corp., Decatur, Ala. A. 18. 5. 59, E. 13. 3. 62. Kl.: 28−1. A.-Z.: 813902.

USP 3028653. Verbesserte Verfahren und Vorrichtung zur Herstellung elastisch gemachter, thermoplastischer Garne. Erf.: *C. G. Evans.* Inh.: Deering Milliken Research Corp., Pendleton, N. C. A. 24. 12. 56, E. 10. 4. 62. Kl.: 28−1, 33 Anspr. A.-Z.: 630325.

USP 3120048. Vorrichtung zum Kräuseln. Erf.: *W. H. Hills.* Inh.: Monsanto Chemical Co. A. 24. 4. 61, E. 4. 2. 64. Kl.: 28−1, 11 Anspr. A.-Z.: 104864.

USP 3030173. Verfahren zur gleichmäßigen Vorbereitung geformter Strukturen, wie Fäden oder Filme, aus hochschmelzenden linearen Polyestern. Erf.: *H. Kurzke* u. *H. Sattler.* Inh.: Farbwerke Hoechst AG vorm. Meister Lucius & Brüning, Frankfurt/Main (DB). A. 30. 9. 59, E. 17. 4. 62, Kl.: 18−54, 6 Anspr. A.-Z.: 843337.

FrP 1354134. Verfahren und Vorrichtung zum Spinnen von geschmolzenen, linearen, synthetischen Hochpolymeren. Inh.: VEB Thüringisches Kunstfaserwerk „Wilhelm Pieck", Schwarza. A. 19. 10. 62, E. 27. 1. 64, Int. Kl.: D 01 d. A.-Z.: 912846.

USP 3120027. Verfahren und Vorrichtung zum Behandeln von Seide. Erf.: *M. W. Baggett* u. *C. E. Woods.* Inh.: Monsanto Chemical Co., St. Louis, Mo. A. 23. 5. 62, E. 4. 2. 64. Kl.: 18−8, 4 Anspr. A.-Z.: 197069, entspr. FrP 1357993.

Klasse 29b

USP 3030220 Zus. z. Pat. m. A.-Z.: 518990. Viskose zur Rayonherstellung. Erf.: *M. R. Lytton.* Inh.: American Viscose Corp., Philadelphia, Pa. A. 15. 6. 60, E. 17. 4. 62. Kl.: 106−165, 4 Anspr. A.-Z.: 36168.

USP 3119715. Verfahren zur Behandlung von Cellulosetextilien mit sauren Kolloiden des Methylolmelamins. Erf.: *W. A. Reeves* u. *W. N. Berard.* Inh.: The United States of America, Secretary of Agriculture. A. 6. 4. 62, E. 28. 1. 64. Kl.: 117−138,5, 11 Anspr. A.-Z.: 185731.

GBP 950378. Anthrachinonfarbstoffe und Verfahren zu ihrer Herstellung. Inh.: Evans, A. J. S. (Ciba Ltd.), A. 14. 2. 62, E. 26. 2. 64. Kl.: C 4. P. Int. Kl.: C 09 b. A.-Z.: 5735/62.

USP 3025130. Naßspinnen von Celluloseacetatfäden niederer Dichte. Erf.: *E. C. White.* Inh.: Celanese Corp. of America, New York, N. Y. A. 3. 2. 59, E. 13. 3. 62. Kl.: 18−54. 8 Anspr. A.-Z.: 790835.

USP 3119648. Spülung mit Salz. Erf.: *G. Ch. Ward* u. *J. S. Warner.* Inh.: Celanese Corp. of America, New York, N. Y. A. 24. 2. 58, S. 28. 1. 64. Kl.: 8−57, 18 Anspr. A.-Z.: 716872.

FrP 1357387. Verfahren zur Verbesserung der färberischen Eigenschaften von Textilfasern und nach diesem Verfahren erhaltene Erzeugnisse. Erf.: *V. Cappuccio* u. *C. Corso.* Inh.: Montecatini Soc. Gen. per l'Industria Mineraria e Chimica. A. 20. 5. 63, E. 24. 2. 64. Int. Kl.: D 01 f, D 06 p. A.-Z.: 935377. Prior.: 24. 5. 62 (It; A.-Z.: 10337/62).

ČSP 110255. Verfahren zur Verbesserung der Dispergierbarkeit von Polyalkylenimin im Spinngemisch im wesentlichen auf der Basis von Polyolefinen. 12. 2. 60/15. 9. 63/15. 3. 64. Kl.: 29 b, 3/60. A.-Z.: 950/60. Prior.: 17. 2. 59 (It).

ČSP 110295. Verfahren zur Herstellung lichtbeständiger Polyamide. Erf.: *L. Notarbartolo* u. *L. Ciceri.* 1. 7. 61/15. 9. 63/15. 3. 64. Kl.: 29 b, 3/60. A.-Z.: 4121/61. Prior.: 2. 7. 60 (It).

ČSP 110296. Verfahren zur Herstellung lichtbeständiger Polyamide. Erf.: *L. Notarbartolo* u. *L. Ciceri.* 1. 7. 61/15. 9. 63/15. 3. 64. Kl.: 29 b, 3/60. A.-Z. 4122/61. Prior.: 2. 7. 60 (It).

ČSP 110385. Verfahren zur Herstellung lichtbeständiger Polyamide. Erf.: *L. Notarbartolo* u. *L. Ciceri.* 1. 7. 61/15. 10. 63/15. 4. 64. Kl.: 29 b, 3/60. A.-Z.: 4123/61. Prior.: 2. 7. 60 (It).

FrP 1375296. Verfahren zur Herstellung von färbbaren Textilfasern und dadurch erhaltene Erzeugnisse. Erf.: *G. Leicht.* Inh.: Montecatini Soc. Gen. per l'Industria Mineraria e Chimica. A. 14. 5. 63, E. 24. 2. 64. Int. Kl.: C 08 f; D 01 f. A.-Z.: 934765. Prior.: 18. 5. 62 (It; A.-Z:. 10000/62).

FrP 1375388. Verfahren zur Herstellung von färbbaren Textilfasern auf Basis von Polyolefinen und mit diesen Fasern erhaltene Erzeugnisse. Erf.: *G. Cantatore.* Inh.: Montecatini Soc. Gen. per l'Industria Mineraria e Chimica. A. 20. 5. 63, E. 24. 2. 64. Int. Kl.: D 08 f; D 01 f. A.-Z.: 935378. Prior.: 24. 5. 62 (It; A.-Z.: 10338/62).

FrP 1357989. Verfahren zur Verbesserung der färberischen Eigenschaften von Textilfasern und nach diesem Verfahren erhaltene Erzeugnisse. Erf.: *A. Bonvicini* u. *E. Ildos.* Inh.: Montecatini Soc. Gen. per l'Industria Mineraria e Chimica. A. 21. 5. 63, E. 2. 3. 64. Int. Kl.: D 01 f; D 06 m; D 06 p. A.-Z.: 935515. Prior.: 24. 5. 62 (It; A.-Z.: 10341/62).

ČSP 110337. Verfahren zur Herstellung von Spinnlösungen aus Polyacrylnitril oder seinen Copolymeren in Lösungen anorganischer Salze. Erf.: *M. Benický, V. Hurt, A. Stoy, P. Hrivnák.* 12. 8. 61/15. 10. 63/15. 3. 64. Kl.: 39 c, 25/01. A.-Z.: 4963/61.

USP 3027224. Polyvinylalkoholfasern mit verbesserter Elastizität. Erf.: *T. Osugi, K. Tanabe, Y. Kawabe, H. Yabe, O. Morimoto* u. *S. Miyazaki.* Inh.: Air Reduction Co. Inc., New York, N. Y. u. Kurashiki Rayon Co. Ltd., Okayama Prefecture (Ja). A. 31. 12. 58, E. 27. 3. 62. Kl.: 18−54, 2 Anspr. A.-Z.: 784092.

ČSP 110656. Präparationsgemisch für synthetische Fasern. Erf.: *R. Váca, S. Selinger* u. *A. Strýček.* 30. 1. 63/15. 10. 63/15. 4. 64. Kl.: 29 b, 5/01. A. -Z.: 505/63.

USP 3120050. Verfahren zur Behandlung kontinuierlich bewegter Materialien. Erf.: *J. Cocker III.* Inh.: Cocker Machine & Foundry Co., Gastonia, N. C. A. 12. 6. 58, E. 4. 2. 64. Kl.: 28−72, 6, 7 Anspr. A.-Z.: 741683.

DAS 1165806. Verfahren zur Herstellung von nach dem Viskoseverfahren erhaltenen Fäden bzw. Bändchen mit extrem niedriger Dehnung und hoher Festigkeit. Erf.: *W. Hofferberth, G. Kemmnitz, H.-J. Gilg* u. *G. Espanion.* Anm.: Glanzstoff-Courtaulds GmbH, Köln-Weidenpesch. A. 16. 11. 60, B. 19. 3. 64. Kl.: 29b, 5/04. A.-Z.: G 30944.

FrP 1357831. Verbesserung der Behandlung von Textilien. Erf.: *C. Senez.* Inh.: Etablissements Kuhlmann. A. 1. 3. 63, E. 2. 3. 64. Int. Kl.: D 06 m. A.-Z.: 926524.

PoP 48111. Verfahren zur antistatischen Präparation von Synthesefasern, insbesondere von Polyacrylnitrilfasern. Erf.: *B. Dawidowicz, W. Sopiela, Z. Dudzińska, W. Dworzański* u. *W. Mirosławski.* Inh.: Instytut Włokien Sztucznych i Syntetycznych, Łodź (Po). A. 19. 3. 63, E. 15. 4. 64. Kl.: 29 b, 5/04.

USP 3024081. Verfahren zur Herstellung beschichteter Synthesefasern aus normalerweise kristallinen Polymeren. Erf.: *J. R. Frost.* Inh.: The Dow Chemical Co., Midland, Mich. A. 28. 5. 56, E. 6. 3. 62. Kl.: 18−54, 5 Anspr. A.-Z.: 587450.

USP 3024158. Herstellung von Celluloseprodukten. Erf.: *D. H. Grangaard* u. *G. H. Saunders.* Inh.: Kimberly-Clark Corp., Neenah, Wis. A. 2. 7. 58, E. 6. 3. 62. Kl.: 162−17, 8 Anspr. A.-Z.: 746086.

USP 3024517. Zus. z. Pat. m. A.-Z.: 813902. Verfahren zur Behandlung von Seide. Erf.: *J. E. Bromley* u. *W. H. Hills.* Inh.: The Chemstrand Corp., Decatur, Ala. A. 19. 9. 60, E. 13. 3. 62. Kl.: 28−72, 6 Anspr. A.-Z.: 56983.

USP 3025181. Beschichtete faserförmige Produkte. Kompositionen und Verfahren zur Herstellung derselben. Erf.: *A. C. Nuessle* u. *E. H. Kroeker.* Inh.: Rohm & Haas Co., Philadelphia, Pa. A. 4. 9. 59, E. 13. 3. 62. Kl.: 117−76, 10 Anspr. A.-Z.: 838063.

Klasse 39c

GBP 945152. Polyurethane. Inh.: Shell Research Ltd. A. 21. 2. 61, E. 23. 12. 63. Kl.: C 3. R, Int. Kl.: C 08 g. A.-Z.: 6229/60

DAS 1165853. Verfahren zur Herstellung von Polyamiden. Erf.: *M. Bock.* Anm.: Hans J. Zimmer Verfahrenstechnik, Frankfurt/M. A 1. 12. 61, B. 19. 3. 64. Kl.: 39 c, 10. A.-Z.: Z. 9112.

DAS 1165854. Verfahren zur Herstellung von Polyamiden. Erf.: *M. Bock.* Anm.: Hans J. Zimmer Verfahrenstechnik, Frankfurt/M. A. 1. 2. 61, B. 19. 3. 64. Kl.: 39 c, 10. A.-Z.: Z. 9113.

PoP 48118. Polymerisationsverfahren für ε-Caprolactam. Inh.: VEB Farbenfabrik Wolfen, Wolfen (DD). A. 24. 2. 62, E. 15. 4. 64. Kl.: 39 c, 10.

ČSP 110401. Verfahren zur Polymerisation von ε-Caprolactam. Erf.: *J. Ringel.* 13. 2. 62/15. 10. 63/15. 4. 64. Kl.: 39 c, 15. A.-Z.: 905/62.

ČSP 110402. Verfahren zur drucklosen kontinuierlichen Polymerisation von ε-Caprolactam. Erf.: *J. Ringel.* 13. 2. 62/15. 10. 63/15. 4. 64. Kl.: 39 c, 15. A.-Z.: 906/62.

FrP 1355980. Verfahren zur Herstellung linearer Polyester. Inh.: Farbwerke Hoechst AG vorm. Meister Lucius & Brüning. A. 25. 4. 63, E. 10. 2. 64. Int. Kl.: C 08 g. A.-Z.: 932622. Prior.: 26. 4. 62 (DB; A.-Z.: 36636).

GBP 946432. Herstellung von Estern und Alkydharzen. Inh.: Shell Internationale Research Maatschappij N. V. A. 17. 5. 60, E. 15. 1. 64. Kl.: C 2. C. Int. Kl.: C 07 c. A.-Z.: 17389/60. Prior.: 19. 5. 59 (Nd; A.-Z.: 239306).

ČSP 110634. Verfahren zum Aushärten und zur Modifizierung ungesättigter Polyester. Erf.: *V. Liška, V. Čermák* u. *J. Mleziva.* 27. 11. 61/15. 10. 62/15. 4. 64. Kl.: 39 c, 16. A.-Z.: 7001/61.

USP 3025266. Durch Kondensation mit einem Glykol aus einem Gemisch von aromatischen zweibasischen Säuren oder Esterderivaten derselben hergestellte Polyester und Verfahren zur Herstellung derselben. Erf.: *W. A. H. Huffman.* Inh.: The Chemstrand Corp., Decatur, Ala., A. 19. 8. 58, E. 13. 3. 62. Kl.: 260−75, 11 Anspr. A.-Z.: 755862.

USP 3030331. Verfahren zur Herstellung von Copolyestern durch Reaktion eines Carbonylhalogenids mit einer Dicarbonsäure und einer Dihydroxyverbindung in Gegenwart eines tertiären Amins. Erf.: *E. P. Goldberg.* Inh. General Electric Co. A. 22. 8. 57, E. 17. 4. 62. Kl.: 260−42, 16 Anspr. A.-Z.: 679747.

USP 3025270. Lineare Polyesterhydrazide. Erf.: *H. D. De Witt.* Inh.: The Chemstrand Corp., Decatur, Ala. A. 10. 9. 58, E. 13. 3. 62. Kl.: 260−78, 7 Anspr. A.-Z.: 760082.

USP 3119791. Verfahren zur Herstellung von Polyesterharzen. Erf.: *G. Messina* u. *N. de Pisapia.* Inh.: L. I. R. C. Laboratori Italiani di Ricerca Chimica, Milan (It). A. 16. 11. 59, E. 28. 1. 64. Kl.: 260−75, 3 Anspr. A.-Z. 853015. Prior.: 12. 1. 59 (It).

DAS 1166474. Verfahren zur Herstellung von hochmolekularen Polyoxymethylenen. Erf.: *K. Wagner.* Anm.: Farbenfabriken Bayer AG, Leverkusen. A. 17. 9. 60, B. 26. 3. 64. Kl.: 39 c, 18. A.-Z.: F 32151.

DAS 1166475. Verfahren zur Herstellung von veresterten oder verätherten hochmolekularen Polyoxymethylenen. Erf.: *K. Wagner.* Anm.: Farbenfabriken Bayer AG, Leverkusen. A. 29. 9. 60, B. 26. 3. 64. Kl.: 39 c, 18. A.-Z.: F 32227.

OeP 234387. Verfahren zur Herstellung von hochmolekularen linearen Formaldehyd-Keten-Copolymeren. Erf.: *G. Natta, G. Pregaglia, G. Mazzanti, M. Binaghi, G. Pozzi, N. Oddo* u. *V. Zamboni.* Inh.: Montecatini Soc. Gen. per l'Industria Mineraria e Chimica, Mailand. 12. 3. 63/15. 11. 63/15. 5. 64. Kl.: 39 b, 16. A.-Z.: 1936/63. Prior.: 16. 3. 62 (It).

OeP 234382. Verfahren zur Herstellung von hochpolymeren α-substituierten Acrylnitrilen mit stereoregelmäßiger Struktur. Erf.: *G. Natta, G. Dall'Asta* u. *G. Mazzanti.* Inh. Montecatini Soc. Gen. per l'Industria Mineraria e Chimica, Mailand. 2. 3. 62/15. 11. 63/15. 5. 64. Kl.: 39 b, 14. A.-Z.: 1742/62. Prior.: 7. 3. 61 (It).

FrP 1354777 (Aj.). Verfahren zur Polymerisation von Vinylidenmonomeren in Gegenwart von chlorierten Polymeren. Erf.: *Y. Landler* u. *P. Lebel.* Inh. Pneumatiques & Caoutchouc Manufacture Kleber-Colombes. A. 16. 1. 62, E. 3. 2. 64. Int. Kl.: C 08 f. A.-Z.: 885023.

FrP 1355835. Verfahren zur Herstellung von Copolymeren aus Äthylen und mindestens einem anderen Alken und mindestens einer ein- oder mehrfach ungesättigten endocyclischen Verbindung. Inh. Stamicarbon N. V. A. 2. 3. 63, E. 10. 2. 64. Int. Kl.: C 08 f. A.-Z.: 926646. Prior.: 2. 3. 62 (Nd; A.-Z.: 275509).

FrP 1357288. Verfahren zur Entfernung von Lösungsmitteln aus Maleinsäureanhydridcopolymeren. Inh.: Bergwerksverband GmbH. A. 13. 5. 63, E. 24. 2. 64. Int. Kl.: C 08 f. A.-Z.: 934587.

FrP 1357327. Verfahren zum Pfropfen von polymerisierbaren Verbindungen auf chlorierte Vinylpolymere. Inh.: Solvey & Cie. A. 16. 5. 63, E. 24. 2. 64. Int. Kl.: C 08 g; C 08 f. A.-Z.: 935013. Prior.: 28. 5. 62 (Be; A.-Z.: 493553).

GBP 945704. Verfahren zur Herstellung von Polypropylen und Katalysatorkomposition dazu. Inh.: Asahi Kasei Kogyo Kabushiki Kaisha. A. 26. 6. 61, E. 8. 1. 64. Kl.: C 3. P. Int. Kl.: C 08 f, A.-Z.: 23103/61. Prior.: 29. 6. 60; 25. 4. 61 (Ja; A.-Z.: 29395; 14219).

GBP 950878. Verfahren zur Herstellung von Acrylnitrilpolymeren. Inh.: Toho Rayon Kabushiki Kaisha. A. 30. 6. 61, E. 26. 2. 64. Kl.: C 3, P. Int. Kl.: C 08 f, A.-Z.: 23672/61. Prior.: 22. 7. 60 (Ja; A.-Z.: 32150).

PoP 48161. Verfahren zur Herstellung von faserbildendem Polyvinylalkohol. Erf.: *T. Rosner, Z. Joffe, H. Zarzycka, S. Skuciński* u. *K. Pawlaczyk*. Inh.: Instytut Włokien Sztucznych, Łódź (Po). A. 27. 3. 62, E. 15. 4. 64. Kl.: 39 c, 25/01.

USP 3024225. Polymerisation des N-Vinylcarbazols. Erf.: *A. S. Teot*. Inh.: The Dow Chemical Co., Midland, Mich. A. 27. 3. 58, E. 6. 3. 62. Kl.: 260–88,1, 4 Anspr. A.-Z.: 724273.

USP 3027346. Verfahren zur Herstellung einer Komposition aus einem Pfropfcopolymeren von Polyäthylen und einem Acrylatmonomeren. Erf.: *F. M. Rugg* u. *J. E. Potts*. Inh.: Union Carbide Corp. A. 15. 11. 56, E. 27. 3. 62. Kl.: 260–45,5, 7 Anspr. A.-Z.: 622236.

USP 3029213. Faserbildende Propfcopolymere aus Vinylcyanid auf N-Vinyl-3-morpholinon-Polymersubstraten, ihre Herstellung und Anwendung. Erf.: *A. Armen, S. A. Murdock* u. *G. R. Cokelet*. Inh.: The Dow Chemical Co., Midland, Mich. A. 3. 3. 60, E. 10. 4. 62. Kl.: 260–29,6, 29 Anspr. A.-Z.: 12570.

USP 3120504. Verfahren zur Herstellung von Acrylnitrilpolymeren. Erf.: *P. A. Jarowitzky* u. *M. Wishman*. Inh.: American Cyanamid Co., New York, N. Y. A. 20. 11. 59, E. 4. 2. 64. Kl.: 260–80,5, 9 Anspr. A.-Z.: 854447.

Literaturschau

Auszug aus Lieferung 11 und 12/1964 des Dokumentationsdienstes „Faserstoffe und Textiltechnik", zusammengestellt von der Abteilung Wissenschaftliches Berichtswesen des Instituts für Faserstoff-Forschung der DAW, Teltow-Seehof, Kantstr. 55

I. Wissenschaftliche Grundlagen

Physik und Chemie der Hochpolymeren

Der Diffusionskoeffizient von Dispersionsfarbstoffen in doppelt orientiertem Polyamid 66 ist in Richtung senkrecht zur Polymerkette am größten. Chem. engng. News **42** (1964) 18, S. 44–46.

Ajzenštejn, É. M., Živina, M. I., Zur Beurteilung des Molekulargewichts von Polyäthylenterephthalat und Fasern (Lawsan) auf dessen Basis. Chim. Volokna (Chem. Fasern) **6** (1964) 2, S. 74–75.

Bucher, H., Mikroskopische Untersuchungen über die Struktur natürlicher Cellulosefasern. Textil-Rdsch., St. Gallen **19** (1964) 3, S. 119–132.

Budylov, A. V., Vol'f, L. A., Meos, A. I., Makarova, T. P., Šemkov, N. K., Untersuchung der Kinetik der Strukturbildung von Polyvinylalkoholfasern nach der Doppelbrechungsmethode. Chim. Volokna (Chem. Fasern) **6** (1964) 2, S. 24–27.

Prati, G., Infrarot-Untersuchungen von Acrylfasermischungen. Ricerca Doc. tessile. Milano (Textilforsch. u. -dok.) **1** (1964) 1, S. 13–17.

Tadokoro, H., Chatani, Y., Yoshihara, T., Tahara, S., Murahashi, S., Strukturuntersuchungen an Polyäthern $[-(CH_2)m-O-]n$. II. Molekülstruktur von Polyäthylenoxid. Makromol. Chemie **73** (1964) S. 109 bis 127.

Park, G. S., Ward, J. C., Elektronenspinresonanzspektrum von bestrahlter Cellulose II. Nature, London **202** (1964) 4930, S. 389.

Kirste, R., Wunderlich, W., Röntgenkleinwinkelstreuung an Fadenmolekülen in Abhängigkeit von der Taktizität. Makromol. Chemie **73** (1964) S. 240–243.

Kratky, O., Die Messung der Absolutintensität der diffusen Röntgenkleinwinkelstreuung – ein Verfahren zur „Wägung" in makromolekularen Systemen. Z. Fresenius' Z. analyt. Chemie **201** (1964) 3, S. 161–194.

Ziabicki, A., (Schreibw. i. Orig.: *Zjabickij, A.*), Physikalische Grundlagen des Spinnvorganges von Chemiefasern. Chim. Volokna (Chem. Fasern) **6** (1964) 2, S. 8–19.

Centola, G., Neue Richtungen der Erforschung der Cellulosestruktur, Gebrauchseigenschaften und Löslichkeit. Ricerca Doc. tessile. Milano (Textilforsch. u. -dok.) **1** (1964) 1, S. 5–12.

Berestnev, V. A., Nagdaseva, I. P., Kozyreva, Z. M., Tokareva, L. G., Potemkina, Z. I., Michajlov, N. V., Kargin, V. A., Einfluß von Thermostabilisatoren auf die Struktur der Kapronfaser. Chim. Volokna (Chem. Fasern) **6** (1964) 2, S. 35–41.

Prevorsek, D. C., Lyons, W. J., Beziehung zwischen Festigkeitsverminderung und der Strukturveränderungen bei Monofilen während der Ermüdung durch biaxiale Rotation. Textile Res. J. **34** (1964) 3, S. 271–273, 4 Abb.

Geleji, F., Szafner, A., Csizmadia, Z., Vernetzungsreaktionen bei Polyamiden. Kolor. Ertesitő, Budapest (Kolor. Rdsch.) **6** (1964) 1, S. 16–23.

Physik und Chemie der Monomeren und Oligomeren

Simonian, J. V., Infrarot-Spektren von reaktiven Monomeren. Amer. Dyestuff Rep. **53** (1964) 7, S. 15(248)–24(257).

Polymerisation

Šebenda, J., Králiček, J., Alkalische Polymerisation des 6-Caprolactams. XV. Disproportionierungsreaktion im System N-Äthylacetamid-N-Äthylacetamid-Natriumsalz. Coll. czechoslov. chem. Commun. **29** (1964) 4, S. 1017–1028.

Schnecko, H., Reinmöller, M., Weirauch, K., Bednjagin, V., Kern, W., Kinetische Ergebnisse bei der Polymerisation von Äthylen und Propylen. Zur Polymerisation mit metallorganischen Mischkatalysatoren. 2. Mitt., Makromol. Chemie **73** (1964) S. 154–167.

Chikanishi, K., Tsuruta, T., Reaktionsfähigkeit von Methyl-α-alkylacrylaten bei der Polymerisation. Makromol. Chemie **73** (1964) S. 231–234.

Schneider, Ch., Herz, J., Die strahlenchemische Bildung von Keteniminguppen bei der Tieftemperaturpolymerisation des Acrylnitrils. Makromol. Chemie **73** (1964) S. 128–140.

Santee, G. F., Marchessault, R. H., Clark, H. G., Kearny, J. J., Stannett, V., Die Polymerisation von Vinylbenzoat. Makromol. Chemie **73** (1964) S. 177–187.

Williams, J. L. R., Borden, D. G., Darstellung und Eigenschaften von lichtempfindlichen Polymeren. I. 2-(Arylvinyl)-N-vinylpyridiniumarylsulfonatpolymere. Makromol. Chemie **73** (1964) S. 203–214.

Rado, R., Sterische Pfropfung von Polypropylen. Chem. Prům., Praha (Chem. Ind.) **14(39)** (1964) 4, S. 192–194.

Bogdanova, A. V., Šostakovskij, M. F., Šamachmudova, S., Neue Polymere aus Vinyläthern. Mitt. 3. Homogener Katalysator für die stereospezifische Polymerisation bei Zimmertemperatur. Izv. Akad. Nauk SSSR, Serija chim. (Nachr. Akad. Wiss. UdSSR, Chemie) (1964) 3, S. 543–548.

Grickova, I. A., Medvedev, S. S., Margaritova, M. F., Polymerisation von Styrol in Gegenwart von nicht-ionogenen Emulgatoren. 1. Polymerisation von Styrol in Gegenwart des Emulgators OS–20. Kolloid. Z., Moskva **26** (1964) 2, S. 168–173.

II. Faserstoffe. Ausgangsstoffe usw.

Goldberg, J. B., Interessante Entwicklungen auf dem Gebiete der Fasern, Textilien und Ausrüstungen. Textile J. Australia **39** (1964) 4, S. 61, 63, 64, 67, 68.

Chemiefaserstoffe

Daimler, B. H., Chemiefasern in der Technik. Chemiefasern **14** (1964) 4, S. 242–253.

Regeneratfaserstoffe

Calistru, E., Erwägungen über den Entstehungsvorgang der Viskosefasern. Einfluß der Modifikatoren. Ind. textilă, Bucureşti **15** (1964) 1, S. 6–11.

Meos, A. I., Visnjakova, M. N., Dumitriu, M., Die Wirkung der Modifikatoren bei der Bildung der übermolekularen Struktur von Viskosefasern. Chim. Volokna (Chem. Fasern) **6** (1964) 2, S. 43–48.

Majboroda, V. I., Finkel'stejn, T. A., Gorjačko, L. P., Einfluß von Derivaten der Dithiocarbaminsäure auf den Spinnprozeß und die Eigenschaften von Viskosecordfasern. Chim. Volokna (Chem. Fasern) **6** (1964) 2, S. 49 bis 51.

Perepečkin, L. P., Troickaja, V. A., Acetatstapelfaser aus essigsauren Spinnlösungen. Chim. Volokna (Chem. Fasern) **6** (1964) 2, S. 55–57.

Synthetische Faserstoffe

Frieser, E. P., Neuere synthetische Fasern. Chemiefasern **14** (1964) 3, S. 186 bis 193; 4, S. 266–268.

Bykov, A. N., Ermolaeva, E. A., Kirillova, T. M., Golubeva, A. N., Farbige Kapronfasern. Chim. Volokna (Chem. Fasern) **6** (1964) 2, S. 41–43.

Perepelkin, K. E., Načinkin, O. I., Herstellung der Polyvinylalkoholfasern nach dem Naßspinnverfahren. Chim. Volokna. (Chem. Fasern) **6** (1964) 2, S. 19–24.

Sergeeva, L. M., Rogovin, Z. A., Synthese von modifizierten Polyvinylalkoholfasern mit Eigenschaften eines Ionenaustauschers. Chim. Volokna (Chem. Fasern) **6** (1964) 2, S. 27–30.

Dralon-Effektfaser für Hüte. Man-made Textiles **41** (1964) 478, S. 50, 53, 54.

Vsevoložskij, L. A., Marina, E. N., Regulierung der Standhöhe der Spinnlösung im Entlüfter. Chim. Volokna (Chem. Fasern) **6** (1964) 2, S. 72–73.

III. Spinnerei (Verspinnen)

Dolder, P., Mazingue, G., van Overbèke, M., Einfluß der Kennwerte der Feinstrecke auf die Gleichmäßigkeit der Kammwollbänder und -garne. Bull. Inst. Textile France **18** (1964) 110, S. 35–54.

Simor, P., Die Entwicklung des Bastfaserspinnens – Verkürzte Spinnverfahren. Spinner, Weber, Textilveredlung **82** (1964) 4, S. 325–330.

Spinnereivorbereitung

Ashdown, T. W. G., Townend, P. P., Krempelbeschlag – Einfluß der Dichte auf die Streichgarnkrempelei. Textile Manuf. **90** (1964) 1071, S. 91–95, 98.

Marshall, G., Hochleistungskardieren auf Einzel- und Tandemkarden. Textile Manuf. **90** (1964) 1072, S. 137–139.

Zamacois, R., Recasens, J. M., Ein einfacheres System zur Vereinfachung des Spinnereiprozesses. Invest. Inform. Textil, Barcelona **7** (1964) 1, S. 13–19.

Neubart, S., Die Abstufung in den Wollmischungen. Ind. textile, Paris (1964) 922, S. 181–192.

Spinnerei

Röder, I., Aggregierung der Spinnverfahren nach dem Baumwollsystem. Magyar Textiltechn. **16** (1964) 4, S. 145–152.

Audivert, R., Vidiella, J. E., Lokalisierung des Verzugs und Spannwalzeneinstellung bei einem Streckwerk für das Baumwoll-Direktspinnverfahren. Textile Res. J. **34** (1964) 3, S. 265–271.

Wegener, W., Das Faserbandspinnverfahren. Teil II. Dt. Textiltechnik **14** (1964) 5, S. 235–244.

Wegener, W., Peuker, H., Das Faserband-Spinnverfahren – Teil V. Ökonomische Gesichtspunkte. Z. ges. Textilind. **66** (1964) 4, S. 254–265.

Gruoner, S., Funktion und Wirkungsweise einer Spinnkrone. Melliand Textilber. **45** (1964) 4, S. 359–365.
Stutz, M., Flyer und Ringspinnmaschinen. Ind. textile, Paris (1964) 921, S. 113–122.
Gautier, D., Mathematische Analyse des Spinnverzuges. Ind. textile, Paris (1964) 923, S. 299–309.

Erzeugnisse der Spinnerei

Tuperman, M., Vlădut, N., Florescu, N., Roll, M., Die Anwendung der modernen Technik zur Qualitätsverbesserung der Baumwollfäden. Ind. textilă, Bucureşti **15** (1964) 2, S. 66–70.
Ein neues Gleichgewichts-Garn. Ind. textile, Paris (1964) 921, S. 123–124.
Casarico, A., Die Polyester/Wolle-Mischung im Kammgarnverfahren. Panorama tessile, Milano **1** (1964) 2, S. 4–8.
Papiergarne. Skinner's Rec. **38** (1964) 3, S. 194–196
Herstellung von Garnen für Tufting-Erzeugnisse. Skinner's Rec. **38** (1964) 3, S. 234.

IV. Materialvorbereitung. Texturfadenherstellung. Textilverbundstoffe

Materialvorbereitung

Ramaszéder, K., Aufgaben der Schlichterei im Hinblick auf die steigende Stuhlzahl pro Weber. Textil-Praxis **19** (1964) 4, S. 365–371.
Rusu, C., Rosenblum, R., Verfahren zur graphischen Bestimmung der Rißhäufigkeit bei Spulmaschinen. Ind. textilă, Bucureşti **15** (1964) 3, S. 138 bis 140.
Sultan, L., Bäumen mit Pufferfäden. Textil-Praxis **19** (1964) 4, S. 376.
Valota, A., Macht sich das automatische Spulen bezahlt? Ind. textile, Paris (1964) 921, S. 127–133.
Mehnert, G., Die Herstellung von Bouclé-Effektzwirnen auf umgebauten Glattzwirnmaschinen. Textil-Praxis **19** (1964) 4, S. 362–364.
Terjušnov, A. V., Der Einfluß einer Erhöhung der Spannung und der Ungleichmäßigkeit des Garns auf das Entstehen der Fadenbrüche im Spulprozeß. Tekstil. Prom., Moskva (Textil-Ind.) **24** (1964) 3, S. 37–39.
Mehnert, G., Einzelprobleme beim Glattzwirnen. Melliand Textilber. **45** (1964) 4, S. 365–370.
Walter, H., Rationelles Schären in der Buntweberei. Z. ges. Textilind. **66** (1964) 4, S. 278–279.

Texturfadenherstellung

Die Aussichten für baumwollene Elastikstoffe. Mod. Textiles Mag. **45** (1964) 2, S. 34, 44.
Ferrer, S. M., Seelen- und Effektgarn durch das Taslan-Texturierverfahren. Mod. Textiles Mag. **45** (1964) 4, S. 32, 34.
Chevallard, A., Die texturierten Garne. I. Das Torsionsverfahren. Panorama tessile. Milano **1** (1964) 2, S. 9–14.

V. Weberei

Weberei

Schußfadenfühler und Fadenwächter auf elektrisch-optischer Basis. Bull. Inst. Textile France **18** (1964) 110, S. 109–120.
Strauss, E., Fortschritt bei konventionellen Webmaschinen. Norsk Tekstiltid. **45** (1964) 3, S. 6–10 (4 S.).
Pilipenko, V. A., Über die Form des Fadens in einem Luftstrom. Tekstil. Prom., Moskva (Textil-Ind.) **24** (1964) 3, S. 49–52.

Erzeugnisse der Weberei

Dorset, B. C. M., Wie die Gewebeeigenschaften durch Modifizierung zur Faserform bestimmt werden. Textile Manuf. **90** (1964) 1071, S. 110, 111 bis 113, 114, 117.
Ein reißfestes Gewebe. Ind. textile, Paris (1964) 923, S. 334–336.

VI. Wirkerei. Strickerei. Konfektionstechnik. Sonstige Technologien

Wirkerei und Strickerei

Kelényi, G., Automatisch regulierende Garnspeisevorrichtung an Rundstrickmaschinen. Magyar Textiltechn. **16** (1964) 4, S. 153–163.
Medvedev, M. F., Hauptrichtungen der technischen Umrüstung der Trikotagenindustrie. Tekstil. Prom., Moskva (Textil-Ind.) **24** (1964) 3, S. 17–21.
Vékássy, A., Erfahrungen bei der Herstellung regulärgewirkter Obertrikotagen auf Flachkulierwirkmaschinen und einige technische Merkmale. Dt. Textiltechnik **14** (1964) 5, S. 254–259.

Konfektionstechnik

Karlik, A. B., Popenko, M. D., Bestimmung der Zugaben für die Krumpfung der Trikotagen im Prozeß des Zuschneidens und Konfektionierens. Tekstil. Prom., Moskva (Textil-Ind.) **24** (1964) 3, S. 53–54.

VII. Textilveredlung

Sadov, F. I., Sektion Färberei und Ausrüstung der Gewebe. Tekstil. Prom., Moskva (Textil-Ind.) **24** (1964) 3, S. 21–25.
Chemischreinigung und Textilausrüstung. Ciba-Rdsch., Basel (1964) 1, S. 33.
Frishman, D., Jüngste Entwicklungen beim Färben und Ausrüsten von gestrickten Stoffen. Amer. Dyestuff Rep. **53** (1964) 6, S. 48(P214) bis 51(P217).
Netsloh, P., Triacetat, Faser und Färbung. I. Melliand Textilber. **45** (1964) 4, S. 402–405.

Farbstoffe, Textilhilfsmittel

Ubaldini, I., Synthetische Farbstoffe. XIV. Fibre e Colori, Milano **14** (1964) 3, S. 81–92.
Johnson, A., Peters, R. H., Ramadan, A. S., Die Adsorption von Dispersionsfarbstoffen in Beimischung. J. Soc. Dyers Colourists **80** (1964) 3, S. 129–134.
Dorset, B. C. M., Faktoren bei der Herstellung von echten Reaktivfarbstoffen. Textile Manuf. **90** (1964) 1072, S. 153–159.
Lörinc, A., Neue Angaben der zahlenmäßigen Bewertung der Eigenschaften des Indanthrons. Kolor. Ertesitő, Budapest (Kolor. Rdsch.) **6** (1964) 1, S. 24–35.
Mayer, F., Sapamin, NP, ein neues permanentes Weichmachungsmittel. Ciba-Rdsch., Basel (1964) 1, S. 43–45.
Kling, W., Lange, H., Über Grenzflächenfilme, insbesondere Tensidfilme. SVF Fachorgan Textilveredl., Basel **19** (1964) 3, S. 162–171.
Laš, L., Eigenschaften und Prüfen von Textilhilfsmitteln. Textil, Praha **19** (1964) 3, S. 103–105.
Dreyer, H., Wasserenthärtung durch moderne Waschmittel. Fette, Seifen, Anstrichmittel/Ernährungsind. **66** (1964) 2, S. 97–100.
Neuere Farbstoffe, neuere Färbeverfahren. Nachr. Chem. Techn. **12** (1964) 6, S. 114–116. in: Angew. Chemie **76** (1964) 6.
Bird, Ch. L., Dispersionsfarbstoffe. Palette, Basel (1964) 15, S. 25–34.
Taylor, J. T., Benischeck, J. J., Sekundäre Faktoren in der Verarbeitung von Wolle mit wasserlöslichen Schmälzmitteln. Amer. Dyestuff Rep. **53** (1964) 6, S. 56(P222)–62(P228).
Svoboda, F., Ein Beitrag zur Anwendung und Bewertung enzymatischer Entschlichtungsmittel. Textil-Praxis **19** (1964) 4, S. 378–384.
Heinze, W., Einsatz von Hochpolymeren als Pigmentbinder im Textildruck. Dt. Textiltechnik **14** (1964) 5, S. 259–263.
Vail, S. L., Moran, C. M., N-Methylolderivate N-substituierter Amide als Vernetzungsmittel für Baumwolle. Amer. Dyestuff Rep. **53** (1964) 8, S. 31(282)–35(286).
Szmidtgal, E., Pasternack, H., Beitrag zur Frage der Sulfatierung ungesättigter Fettalkohole. Fette, Seifen, Anstrichmittel-/Ernährungsind. **66** (1964) 3, S. 225–230.
Ismail, R. M., Simonis, H., Fettsäurezuckerester mit schwach hydrophilen Gruppen im Fettrest. Fette, Seifen, Anstrichmittel/Ernährungsind. **66** (1964) 3, S. 214–215.
Krüger, R., Neue Erkenntnisse auf dem Gebiet der Alkylbenzolsulfonate. Fette, Seifen, Anstrichmittel/Ernährungsind. **66** (1964) 3, S. 217–221.

Bleicherei. Sonstige Vorbehandlungsarbeiten der Textilveredlung

Cegarra, J., Ribé, L., Gacén, J., Bleichen von Wolle mit Wasserstoffperoxid in Gegenwart von verschiedenen Stabilisatoren. J. Soc. Dyers Colourists **80** (1964) 3, S. 123–129.
Garrett, C., Praktische Gesichtspunkte des Bleichens von Cellulosematerial. J. Soc. Dyers Colourists **80** (1964) 3, S. 117–123.
Weber, H., Moderne Vorbehandlungsmaschinen. Textil-Rdsch., St. Gallen **19** (1964) 3, S. 137–146.
Šipov, G. M., Reduzierung des Futters auf den Stärke- und Trockentrommeln Tekstil. Prom., Moskva (Textil-Ind.) **24** (1964) 3, S. 61.
Rochas, P., Die optische Bleiche im Dienst der Textilindustrie. Invest. Inform. textil, Barcelona **7** (1964) 1, S. 21–44.
Lamm, R., Kontinuierliches Bleichen von Baumwolle mit Wasserstoffperoxyd nach dem Einstufenverfahren. Dt. Textiltechnik **14** (1964) 5, S. 263–266.
Burgholz, R., Schnelltrockner für Kreuzspulen im Abluft-Umluft-Betrieb mit Feuchtigkeitsregelung. Textil-Praxis **19** (1964) 4, S. 386–394.
Ridley, W. H., Ferngesteuerte Überwachungsgeräte für Färbemaschinen. Amer. Dyestuff Rep. **53** (1964) 3, S. 45(P294)–48(P297).

Färberei

Automatische Färbereianlage der Fa. Pegg. Hosiery Times **37** (1964) 419, S. 74, 76.
Dawson, T. L., Der Reaktionsmechanismus und die Fixierung von Monochlor-s-triazinfarbstoffen auf Cellulose bei Anwendung von tertiären Aminen als Katalysatoren. J. Soc. Dyers Colourists **80** (1964) 3, S. 134–143.
Slack, I. S., Bemerkungen zur Vermeidung und Korrektur von Fehlern bei gefärbten und ausgerüsteten Wollstückwaren. J. Soc. Dyers Colourists **80** (1964) 3, S. 144–146.
Meunier, P. L., Thomas, R. J., Der Einfluß der neuen Faser auf die Färbereitechnologie. SVF Fachorgan Textilveredl. **19** (1964) 3, S. 175–187.
Barák, J., Einfluß des Hochtemperatur-Färbens auf die physikalisch-mechanischen und chemischen Veränderungen der Wolle und Polyesterfaserstoffe. Textil, Praha **19** (1964) 3, S. 98–99.
Giamara, A., Erfahrungen über das Färben von Polyester und Polyester/Wolle- sowie Polyester/Baumwolle-Mischungen. Fibre e Colori, Milano **14** (1964) 3, S. 93–97.
Tremöhlen, E., Das Färben von Garnkörpern aus Baumwolle und Mischgarnen, wie Baumwolle/Synthetics, Wolle/Synthetics usw., Melliand Textilber. **45** (1964) 4, S. 410–412.
Stommel, K., Untersuchungen an „Vestan"-Geweben, 1. Mitt. Färbeverfahren. Melliand Textilber. **45** (1964) 4, S. 406–409.
Weber, A., Das Färben aus automatischen Strumpffärbemaschinen. Ciba-Rdsch., Basel (1964) 1, S. 39–43.
Frische, J., Licht- und naßechte Färbungen mit guter Durchfärbung für Wetterbekleidung. Wäscherei **11** (1964) 4, S. 103–105.
Collins, D. P., Wollfärbung unterhalb des Siedepunktes: Schlüssel zur Qualität. Amer. Dyestuff Rep. **53** (1964) 6, S. 52(P218)–55(P221).
Wilcoxson, W. C., Färben von Polyester-Baumwolle-Mischungen mit Dispersions- und Küpenfarbstoffen. Amer. Dyestuff Rep. **53** (1964) 8, 49(P298)–50(P299).
Janoušek, J., Grüner, P., Untersuchungen über das Färben von Polyestergeweben auf dem Jigger. Textil-Praxis **19** (1964) 4, S. 400–408.
Stetson, G. R., Färben von Polyester/Baumwoll-Mischungen mit Dispersions/Faserreaktivfarbstoffkombinationen. Amer. Dyestuff Rep. **53** (1964) 6, S. 63(P229)–66(P232).
Schmutzler, M., Polyamid – streifenfrei gefärbt. Textil-Praxis **19** (1964) 4, S. 408–413.
Stright, P. L., Theorie und Praxis des Färbens der Polypropylenfaser. Amer. Dyestuff Rep. **53** (1964) 8, S. 51(P300)–54(P303).
Grindea, M., Vălu, Fl., Einige Aspekte der Färbung von Fäden in aufgerollten Schichten. Ind. textilă, Bucureşti **15** (1964) 3, S. 157–159.
Startzählung für Raumfärbung. Skinner's Rec. **38** (1964) 4, S. 295–297.
Umfärben von nachbehandeltem Textilmaterial. Chemischreiniger u. Färber/Färber-Ztg. **17** (1964) 4, S. 172.

Druckerei

Lewisch, F., Rationalisierung und Neuerungen im Filmdruck. Melliand Textilber. **45** (1964) 4, S. 249–430.
Feess, E., Der Zweiphasendruck mit Küpenfarbstoffen. Teil IV. Melliand Textilber. **45** (1964) 4, S. 413–427.
Ruf, R., Vorteile der Thermofixierverfahren beim Druck von Cellulose- und Synthesefasern. Teintex, Paris **29** (1964) 4, S. 239, 241, 245, 247, 248, 251, 253.
Ruf, R., Das Néopâte-Druckverfahren. Teintex. Paris, **29** (1964) 5, S. 323, 325, 329, 331, 332, 335, 337, 338, 341.

Popescu, M., Popescu, G., Das Bedrucken von Geweben aus Viskose und Viskosegemischen mit Reaktivfarbstoffen. Ind. textilă, Bucureşti **15** (1964) 3, S. 145–150.
Roup, R., Mono- oder Dichlortriazin-Reaktivfarbstoffe zum Bedrucken von Cellulosefasern. Textil, Praha **19** (1964) 4, S. 144–146.
Künzl, R., Das Retuschieren bei der Filmdruck-Schablonenherstellung. Textil-Praxis **19** (1964) 4, S. 394–396.

Ausrüstung. Trocknung

Prorokov, N. I., Konovalova, L. I., Kudrjašova, A. A., Über die Erfahrung bei der Einführung von neuen Verfahren der Gewebeausrüstung. Tekstil. Prom., Moskva (Textil-Ind.) **24** (1964) 3, S. 58–61.
Schubert, F. R., Das Rauhen von Tufting-Decken. Man-made Textiles **41** (1964) 478, S. 67, 69.
Kärrholm, M., Asnes, H., Fixieren von Baumwollgeweben ohne kovalente Vernetzungen. (Textile Res. J. **34** (1964) 3, S. 220–236.
Bush, H., Chemische Fixierung von Wolle, ein Gebiet unbegrenzter Möglichkeiten. Z. ges. Textilind. **66** (1964) 4, S. 292–297.
Riva, F., Laborgerät zur Mercerisation von Garnen. Ricerca Doc. tessile, Milano (Textilforsch. u. -dok.) **1** (1964) 1, S. 17–20.
Aschner, G., Ramaszéder, K. Chemische Fixierung der aus Polyester und Wolle gemischten Kammgarnstoffe. Magyar Textiltechn. **16** (1964) 4, S. 174–179.
Margeson, J. H., Getchell, N. F., Vorsensibilisierung von Baumwolle durch Ablagerung von Polymeren der N-Methylolverbindungen. Textile Res. J. **34** (1964) 3, S. 247–256.
Lilenkov, O. S., Makarova, T. P., Verwendung von Epoxyverbindungen zur Knitterarmausrüstung einer Faser. Chim. Volokna (Chem. Fasern) **6** (1964) 2, S. 52–55.
Permanent-Plissee-Maschine Rabo 75. SVF Fachorgan Textilveredl., Basel **19** (1964) 3, S. 244–245.
Fischer, W., Plissee-Echtausrüstung-Chemismus, Farbtonumschläge sowie Veränderung der Wollfaser. Spinner, Weber, Textilveredlung **82** (1964) 4, S. 338–341.
Seery, Th. J., Kleidung für den Strahlenschutz. Mod. Textiles Mag. **45** (1964) 2, S. 42.
Frotscher, H., Über den Stand der permanentantistatischen Ausrüstung von Synthesefasertextilien. SVF Fachorgan Textilveredl., Basel **19** (1964) 3, S. 188–195.
Fell, E. T., Das Peroxymonoschwefelsäure-Verfahren zur Herstellung filzfreier Wolle. Z. ges. Textilind. **66** (1964) 4, S. 310–316.
Aenishänslin, R., Bitterli, W., Kontinuierliche Wollchlorierung als Vorbehandlung. Textil-Rdsch., St. Gallen **19** (1964) 3, S. 132–137.
Jazyčkov, M. F., Trocknen von Garn auf Spulen mit erhitzter Luft unter Druck. Tekstil. Prom., Moskva (Textil-Ind.) **24** (1964) 3, S. 78–82.
Atkinson, J. D., Lycra – für den Ausrüster. Internat. Dyer Textile Printer, Bleacher, Finisher **131** (1964) 9, S. 702, 704, 706, 707, 709, 710.
Le Blanc, R. B., Anwendungen von Tris-(1-aziridinyl)phosphinoxid-Ausrüstungen auf Baumwollgewebe in Pilot- und Betriebsanlagen. Amer. Dyestuff Rep. **53** (1964) 8, S. 42(P291)–44(P293).
Richmond, K. W., Wie man den Schaum wählt. Skinner's Rec. **38** (1964) 4, S. 302–303.
Petr, O., Domorázek, M., Dielektrisches Trocknen von Textilmaterialien. Textil, Praha **19** (1964) 4, S. 141–144.
Vâlu, Fl., Die Herabsetzung der Wärmeenergie bei der Trocknung von Textilien. Ind. textilă, Bucureşti **15** (1964) 2, S. 90–95.

Wäscherei. Chemische Reinigung

Rotowa-Schleuderwaschmaschine. SVF Fachorgan Textilveredl., Basel **19** (1964) 3, S. 244.
Richter, M., Zuber, S., Moderne Technologie für die Fertigstellung in Chemischreinigungen. Wäscherei **11** (1964) 4, S. 108–110.
Wagner, E. F., Der Waschvorgang mit Modellschmutz, Geschwindigkeit und Gleichgewichtseinstellung. Wäschereitechn. u. -chemie **17** (1964) 5, S. 286 bis 298.
Kretzschmar, G., Beiträge zur Kenntnis des Waschprozesses. II. Kinetik des Stoffüberganges. Fette, Seifen, Anstrichmittel/Ernährungsind. **66** (1964) 3, S. 222–225.

VIII. Werkstoffprüfung. Meß- und Prüftechnik. Standardisierung

Eigenschaften und Fehler der Textilmaterialien u. a.

Henning, H. J., Statistische Auswertung bei Vergleichsversuchen. Z. ges. Textilind. **66** (1964) 4, S. 280–287.
Fransen, T., Verallgemeinerte Theorie der Faserlängenmessung. Teil 2. Anpassung der theoretischen Grundlagen an praktische Längenmessungen. Ann. sci. Textiles belges (1964) 1, S. 66–86.
Vaeck, S. V., van Lierde, F., Experimenteller Beitrag zum Problem der Bewertung des Weißgrades von Textilien. I. Vorzugsfarbwerte bei natürlichem Weiß (nicht-fluoreszierend). Ann. sci. Textiles belges (1964) 1, S. 7–34.
Rodwell, E. C., Renbourn, E. T., Greenland, J., Kenchington, K. W. L., Die Wirkung der Sorptionswärme in unserer Kleidung. Melliand Textilber. **45** (1964) 4, S. 384–385.
Isings, J., Der Einfluß der Spannung und Deformation auf die Struktur der Baumwollfaser. Textile Res. J. **34** (1964) 3, S. 236–246.
Orr, R. S., Hebert, J. J., Weiss, L. C., Grant, J. N., Spannungseinflüsse während der Vernetzungsbehandlungen von Baumwollgeweben. Textile Res. J. **34** (1964) 3, S. 192–198.
Algie, J. E., Die Veränderung des elektrischen Widerstandes mit der Dehnung bei Keratinfasern mit konstantem Wassergehalt. Textile Res. J. **34** (1964) 3, S. 273–274.
Hearle, J. W. S., Stevenson, P. J., Untersuchungen über nichtgewebte Stoffe. Teil IV. Vorausbestimmung der Zugeigenschaften. Textile Res. J. **34** (1964) 3, S. 181–191.
Bessonov, M. I., Rudakov, A. P., Studium der beim Erhitzen von Polyvinylalkoholfasern entstehenden Spannungen. Chim. Volokna (Chem. Fasern) **6** (1964) 2, S. 30–35.
Diebold, O., Fleury, J. P., Beitrag zur Untersuchung der quantitativen Analyse von Mischungen aus Baumwolle und Celluloseregeneratfasern vom Typ der polynosischen Fasern. Bull. Inst. Textile France **18** (1964) 110, S. 93–106.
Davidson, A. N., Wolltextilien mit verbesserten Gebrauchseigenschaften. Z. ges. Textilind. **66** (1964) 4, S. 303–310.
Feldtman, H. D., McPhee, J. R., Der Temperatureinfluß auf das Filzen von schrumpffester Wolle. Textile Res. J. **34** (1964) 3, S. 199–206).
Prati, G., Eigenschaften und Anwendungen von acetylierter Baumwolle. Panorama tessile, Milano **1** (1964) 2, S. 2–4.
Barella, A., Miró, P., Sust, A., Einfluß verschiedener chemischer Behandlungen auf die Kohäsion von Baumwollgarnen. Invest. Inform. textil, Barcelona **7** (1964) 1, S. 1–11.
Szentpály, T., Neuere Ergebnisse der faseranalytischen Untersuchungen. Kolor. Ertesitö, Budapest (Kolor. Rdsch.) **6** (1964) 2, S. 86–94.
Feldtman, H. D., McPhee, J. R., Maschinelles Waschen und Trommeltrocknen von Wollgeweben. Amer. Dyestuff Rep. **53** (1964) 6, S. 31(199) bis 41(209).

Meß- und Prüftechnik

Philipp, B., Dautzenberg, H., Polarographische und potentiometrische Untersuchungen an Schwefelkohlenstoff und einigen seiner Derivate. Mber. dt. Akad. Wiss. Berlin **6** (1964) 2, S. 148–158.
Harrsion, V. W., Instrumentelle Hilfsmittel für den Färber bei der Farbanpassung. Textile Manuf. **90** (1964) 1071, S. 115, 116, 117.
Bestimmung der Lichtechtheit von gefärbtem Material mit höheren Werten als Lichtechtheit 8. J. Soc. Dyers Colourists **80** (1964) 3, S. 147–148.
Kassenbeck, P., Die Methode der stillen Entladung und ihre Anwendung auf Wolle. Bull. Inst. Textile France **18** (1964) 110, S. 7–33.
Stein, H., Meßtechnische Untersuchungen rasch verlaufender Bewegungsvorgänge. Z. ges. Textilind. **66** (1964) 4, S. 270–277.
Flekser, L. A., Ajvazjan, S. A., Zusammenhang zwischen den Merkmalen der zahlen- und gewichtsmäßigen Längenverteilung der Baumwolle. Tekstil. Prom., Moskva (Textil-Ind.) **24** (1964) 3, S. 67–72.
Monfort, F., Experimentelle Informationen zur Arbeitsweise des A. L.-Meters. Ann. sci. Textiles belges (1964) 1, S. 35–65.
Loss, R., Viskositätsmessungen mit Küpenpigmentdispersionen. SVF Fachorgan Textilveredl., Basel **19** (1964) 3, S. 171–174.
Delmenico, J., Peters, R. H., Anwendung des Donnan-Gleichgewichts auf die Verteilung von Farbstoff und anorganischen Ionen zwischen Wolle und Lösungen. Teil I. Anorganische Ionen. Textile Res. J. **34** (1964) 3, S. 207 bis 219.
Munden, D. L., Maßänderungen von Gestricken aus Wolle/Chemiefasermischungen beim Waschen. Z. ges. Textilind. **66** (1964) 4, S. 297–302.
du Bois, W. F., Die Bestimmung des Reifegrades von Baumwolle nach dem Quellungsverfahren. Melliand Textilber. **45** (1964) 4, S. 353–358.
Malevannyj, V. A., Bestimmung des Gehaltes an Calcium- und Magnesiumoxid im Titandioxid. Chim. Volokna (Chem. Fasern) **6** (1964) 2, S. 70–71.
Izmay, F., Székely, A., Prüfung nichtgewebter Textilien. Magyar Textiltechn. **16** (1964) 4, S. 171–173.
Talpay, B. M., Neuentwicklungen eines schnellarbeitenden Pressley-Apparates. Z. ges. Textilind. **66** (1964) 4, S. 246–247.
Kukin, G. N., Sadykova, F. Ch., Zur Frage der optimalen Maße eines Gewebestreifens bei der Bestimmung der Bruchbelastungen und -dehnungen. Tekstil. Prom., Moskva (Textil-Ind.) **24** (1964) 3, S. 72–75.
Barella, A., Sust, A., Analyse der Einflußfaktoren bei Dehnungsmessungen an Wollkamm- und -streichgarn. Ann. sci. Textiles belges (1964) 1, S. 87 bis 104.
Wegener, W., Schuler, B., Beitrag zur Grundlagenermittlung des Reibungskoeffizienten von Fäden. Z. ges. Textilind. **66** (1964) 4, S. 250–254.
Fortess, F., Technische Unterstützung für das Programm. Mod. Textiles Mag. **45** (1964) 3, S. 64–69.
Pohl, H., Die Anwendung der Nomographie in der Praxis des Webereibetriebes. Dt. Textiltechnik **14** (1964) 5, S. 247–253.
Stange, K., Eine Bemerkung zur Berechnung gewogener Mittelwerte. ZwF. Z. wirtsch. Fertigung **59** (1964) 4, S. 187–188.
Barthel, R., Hofmann, H., Fadenzugkraftmessung in der Webereivorbereitung und Weberei. Dt. Textiltechnik **14** (1964) 5, S. 167–273.
Höfert, H.-J., Loof, H., Kalibrierung der photometrischen Skala eines Remissionsphotometers. Z. Instrumentenkde. **72** (1964) 5, S. 139–143.
Killmann, E., Eine neue Methode zur Schärfung der Grenzschicht in einer Diffusionsapparatur. Chemie-Ing.-Technik **36** (1964) 4, S. 378–380.
Cojocaru, G. H., Popescu, P., Pasere, E., Die Automatisierung in der Textilindustrie. Optische und Strahlungsübertrager. Ind. textilă., Bucureşti **15** (1964) 3, S. 113–125.
Andreicovici, Gh., Gheorghe, A., Verfahren zur Fertigung mikroskopischer Sektionen von Textilfasern mit einer Dicke von 10–15 Mikron und deren Photographieren. Ind. textilă, Bucureşti **15** (1964) 3, S. 151–156.
Berger, A., Brockes, A., Farbmessung in der Textilindustrie. Bayer-Farben-Rev., Leverkusen (1964) Sonderheft 3, 63 S.
Suhr, H., Schnell, G., Messung dielektrischer Eigenschaften dünner Folien im Frequenzbereich von 10 MHz bis 100 MHz. Kunststoffe **54** (1964) 4, S. 221 bis 222.
Beníšek, L., Bestimmung von Tryptophan im Tierhaar und in der Wolle. Textil, Praha **19** (1964) 4, S. 148–150; 5, S. 188–189, 190.
Heidler, K., Motlová, E., Neue Schnellmethode zur Bestimmung des Restfettgehaltes in der Wollwäscherei. Textil-Praxis **19** (1964) 5, S. 468–471.
Neue Prüfgeräte für Schaumstoffe. Kunststoff-Berater **9** (1964) 5, S. 384.
Lorant, M., Mikroradiographie mit Punktprojektion. Zur Verbesserung bzw. Entwicklung von Schaumstoffen, Schichtstoffen, Fasern und Geweben. Kunststoff-Rdsch. **11** (1964) 4, S. 224–225.
Nestler, H., Sych, G., Untersuchungen zur Reinheitsbestimmung von Monoäthylenglykol beim Grisutenherstellungsprozeß. Chemische Technik **16** (1964) 5, S. 283–287.
Rao, J. H., Balbach, G., Haase, H., Die gaschromatographische Trennung und Bestimmung von Weichmachern in beschichteten Geweben. Melliand Textilber. **45** (1964) 5, S. 539–541.
Baker, C. A., Die Entflammbarkeitsprüfung: Jüngste Entwicklung in der Prüfung und gesetzliche Vollstreckung. Amer. Dyestuff Rep. **53** (1964) 7, S. 28(P259)–30(P261).
Hindson, W. R., Wilding, J. A., Abweichung der Bruchfestigkeit von Geweben in ähnlichen Prüfgeräten. Textile J. Australia **39** (1964) 3, S. 30, 33, 34, 36.
Jech, R. W., Springborn, R. H., McDanels, D. L., Gerät für die Spannungs-Reißfestigkeits-Prüfungen von Fäden in kontrollierter Umgebung. Rev. sci. Instrum. **35** (1964) 3, S. 314–315.
Fortess, F., Technische Unterstützung für das Programm. Mod. Textiles Mag. **45** (1964) 4, S. 36–40, 47.
Pályi, G., Die Anwendung der Oszillographie bei einigen textilchemischen Untersuchungen. VII. Die oszillographische Bestimmung des Mottenschutzmittels Larvilan. Kolor. Ertesitö, Budapest (Kolor. Rdsch.) **6** (1964) 2, S. 79–85.
Mackay, B. H., Sherlock, S., Bestimmung des Feuchtigkeitsgehaltes der Wolle. Textile J. Australia **39** (1964) 4, S. 22–23.

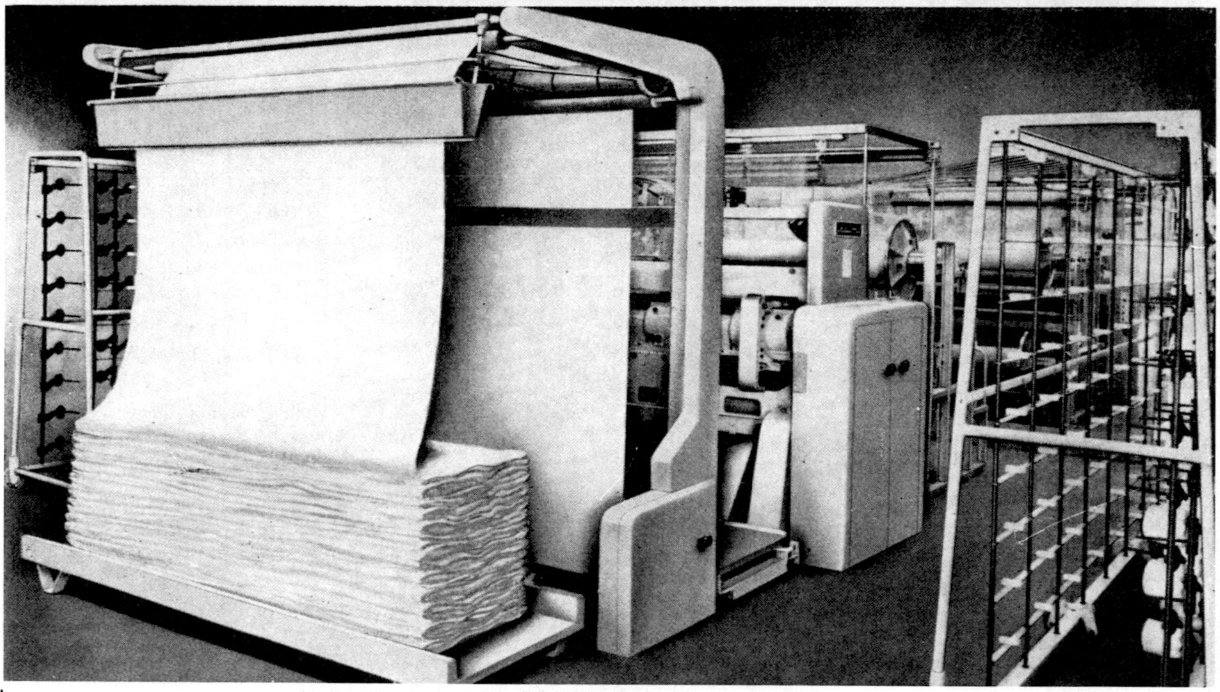

Fadenlagen-Nähwirkmaschine „Malimo“ 1600

FSC
www.fsc.org
MIX
Papier | Fördert gute Waldnutzung
FSC® C083411

Zeitfracht Medien GmbH
Ferdinand-Jühlke-Straße 7
99095 Erfurt, Deutschland
produktsicherheit@kolibri360.de